世赛成果转化系列教材

# 机械零件的三坐标检测
# 工作页

主　编　石　榴　刘碧云
副主编　梁　亮　高泽锋
参　编　刘志晖　沈德章
　　　　田　丰　甘嘉峰

机械工业出版社

# 目　录

# 模块一

# 三坐标测量机的手动测量

## 项目一　已有测量程序的三坐标检测

**【项目描述】**

学校精密测量运用中心接到一份企业产品检测订单，数量为 100 件，对方提供三坐标的检测程序和数模，现企业要求送货，并提供三坐标检测的产品出货报告。本次的学习任务是在三坐标测量机上正确地运行程序，并出具产品检测报告，完成本次学习任务。

**【项目图样】**

本项目图样如主教材图 1-1 所示。

**【项目任务】**

任务 1　三坐标测量的准备

任务 2　程序的运行及报告输出

**【项目分析】**

通过小组讨论的形式，分析图样，明确所要测量的尺寸，根据测量室现有的测量条件，填写检测方案表 1-1-1，并按照主教材表 1-1 所列的尺寸顺序，出具一份完整的检测报告。

**表 1-1-1　三面基准零件的检测方案**

| 产品名称 | | | 产品图号 | | |
|---|---|---|---|---|---|
| 主要检测设备 | | 型号 | | 工作行程 | |
| 测头系统配置 | | | | | |
| 测座 | | | | | |
| 转接（可省略） | | | | | |
| 传感器 | | | | | |
| 加长杆（可省略） | | | | | |
| 测针 | | | | | |
| 零件装夹方法 | | | | | |
| 夹具名称 | | | | | |
| 零件摆放方向 | | | | | |

（续）

<table>
<tr><td>产品名称</td><td colspan="3"></td><td>产品图号</td><td></td></tr>
<tr><td>主要检测设备</td><td></td><td>型号</td><td></td><td>工作行程</td><td></td></tr>
<tr><td colspan="6">测头角度的选择</td></tr>
<tr><td colspan="2">角度</td><td colspan="3">对应检测的尺寸编号</td><td>安全平面</td></tr>
<tr><td colspan="2"></td><td colspan="3"></td><td></td></tr>
<tr><td colspan="2"></td><td colspan="3"></td><td></td></tr>
<tr><td colspan="2"></td><td colspan="3"></td><td></td></tr>
<tr><td colspan="2"></td><td colspan="3"></td><td></td></tr>
<tr><td colspan="2"></td><td colspan="3"></td><td></td></tr>
<tr><td colspan="2"></td><td colspan="3"></td><td></td></tr>
<tr><td colspan="6">零件坐标系的建立</td></tr>
<tr><td rowspan="6">粗建坐标系</td><td>X轴方向</td><td colspan="4"></td></tr>
<tr><td>X轴原点</td><td colspan="4"></td></tr>
<tr><td>Y轴方向</td><td colspan="4"></td></tr>
<tr><td>Y轴原点</td><td colspan="4"></td></tr>
<tr><td>Z轴方向</td><td colspan="4"></td></tr>
<tr><td>Z轴原点</td><td colspan="4"></td></tr>
<tr><td rowspan="6">精建坐标系</td><td>X轴方向</td><td colspan="4"></td></tr>
<tr><td>X轴原点</td><td colspan="4"></td></tr>
<tr><td>Y轴方向</td><td colspan="4"></td></tr>
<tr><td>Y轴原点</td><td colspan="4"></td></tr>
<tr><td>Z轴方向</td><td colspan="4"></td></tr>
<tr><td>Z轴原点</td><td colspan="4"></td></tr>
<tr><td rowspan="4">运动参数设置</td><td>逼近距离</td><td colspan="4"></td></tr>
<tr><td>回退距离</td><td colspan="4"></td></tr>
<tr><td>移动速度</td><td colspan="4"></td></tr>
<tr><td>触测速度</td><td colspan="4"></td></tr>
</table>

**【方案展示与评价】**

把各个小组制订好的检测方案表格进行展示，并由小组推荐代表做必要的介绍。在展示的过程中，以组为单位进行评价；其他组对展示小组的成果进行相应的评价，展示小组同时也要接受其他组的提问，并做出回答，提问题的小组要事先为所提问题提供一个参考答案。小组展示可以采用 PPT、图片、海报、录像等形式，时间控制在 10min 以内，教师对展示的作品分别做评价，并填写（表 1-1-2）。评价表方案通过的小组进入检测操作环节。

表 1-1-2　评价表

| 班级 | 姓名 | | 日期 | 年　月　日 |
|---|---|---|---|---|
| 序号 | 评价要点 | 配分 | 得分 | 总评 |
| 1 | 出勤、纪律、态度 | 20 | | A □（86 ~ 100）<br>B □（76 ~ 85）<br>C □（60 ~ 75）<br>D □（60 以下） |
| 2 | 讨论、互动、协作精神 | 30 | | |
| 3 | 表达、会话 | 20 | | |
| 4 | 学习能力、收集和处理信息能力、创新精神 | 30 | | |
| 小结<br>建议 | | | | |

## 学习任务 1　三坐标测量的准备

1. 能够说出三坐标测量机的基本分类。
2. 能够说出三坐标测量机的基本结构组成。
3. 能够说出操纵盒上各按键的功能并能进行相应操作。
4. 能够说出三坐标测量机的工作环境要求及保养方法。
5. 能按照工作环境的要求，穿戴好工作服等劳保用品。
6. 能对精密测量仪器进行维护保养。

**引导问题1：常用的三坐标测量机的基本组成包括哪些?**

1. 三坐标测量机：英文（Coordinate Measuring Machine）缩写________。
2. 三坐标测量机主要由哪四大结构组成，请在图片下方横线上填入相应名称。

________

________

________

________

3. 通过查找资料，请补充完整图 1-1-1 所示三坐标测量机主机的各结构名称。

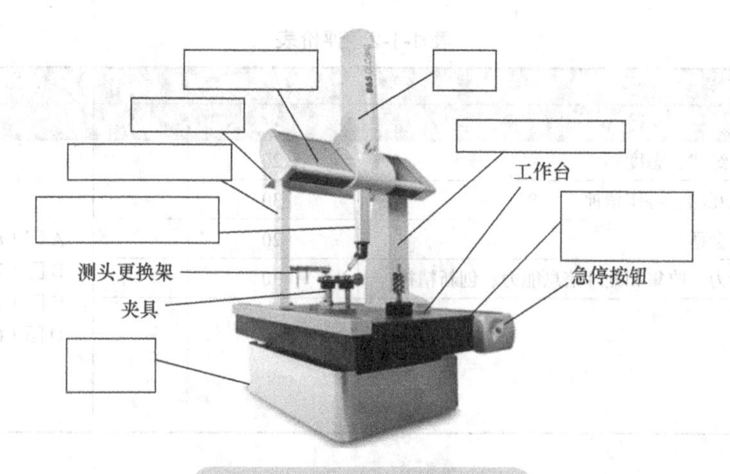


图 1-1-1　三坐标测量机主机

**引导问题2：三坐标测量机是如何分类的呢？**

1. 三坐标测量机按机械结构与运动关系分为________________________________________

________________________________________________________________

2. 移动桥式结构由四部分组成，分别是________________________________________

________________________________________________________________

3. 固定桥式结构由四部分组成，分别是________________________________________

________________________________________________________________

4. 移动桥式与固定桥式结构的不同之处是________________________________________

________________________________________________________________

________________________________________________________________

5. 高精度三坐标测量机通常采用________结构。

6. 固定桥式三坐标测量机的优点和缺点分别是什么？

________________________________________________________________

________________________________________________________________

________________________________________________________________

________________________________________________________________

7. 观察图 1-1-2，填写水平臂式三坐标测量机各结构名称。

图 1-1-2　水平臂式三坐标测量机

8. 水平臂式三坐标测量机的优点和缺点分别是什么？

______________________________________________

______________________________________________

______________________________________________

9. 龙门式结构由四部分组成，分别是______________________________

______________________________________________

10. 龙门式结构与水平臂式结构相比有什么优缺点？

______________________________________________

______________________________________________

______________________________________________

11. 根据所学的知识，填写图 1-1-3 所示龙门式三坐标测量机各结构名称。

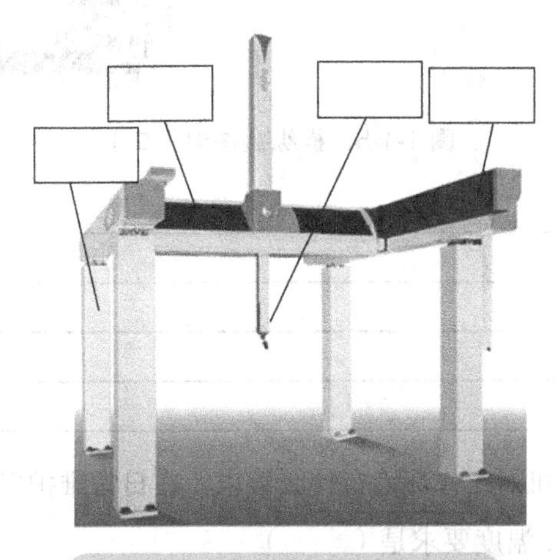

图 1-1-3　龙门式三坐标测量机

12. 按三坐标测量机的测量范围，可将其分为______________________三类。

13. 按三坐标测量机的测量精度，可将其分为______________________三类。

**引导问题3：常用的操纵盒各按键是如何使用的呢？**

1. 如图 1-1-4 所示，对操纵盒按键描述不正确的是（　　）。

A. ①是测针启用键　　B. ②是慢速键　　C. ③是确认键　　D. ④是删除点键

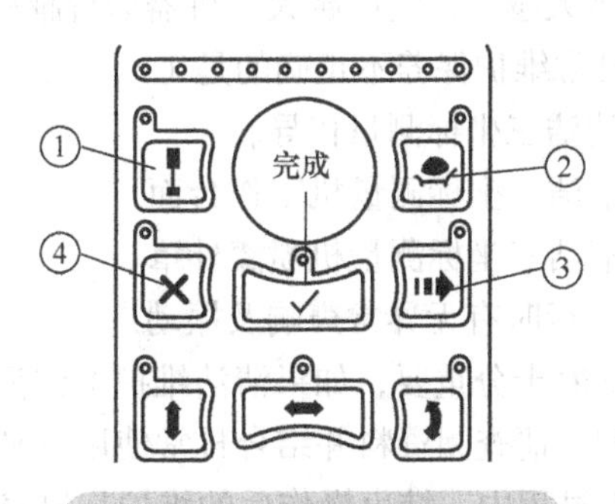


图 1-1-4　操纵盒按键（一）

2. 通过查阅资料，请补充完整图 1-1-5 所示操纵盒各按键名称，并描述出各按键功能。

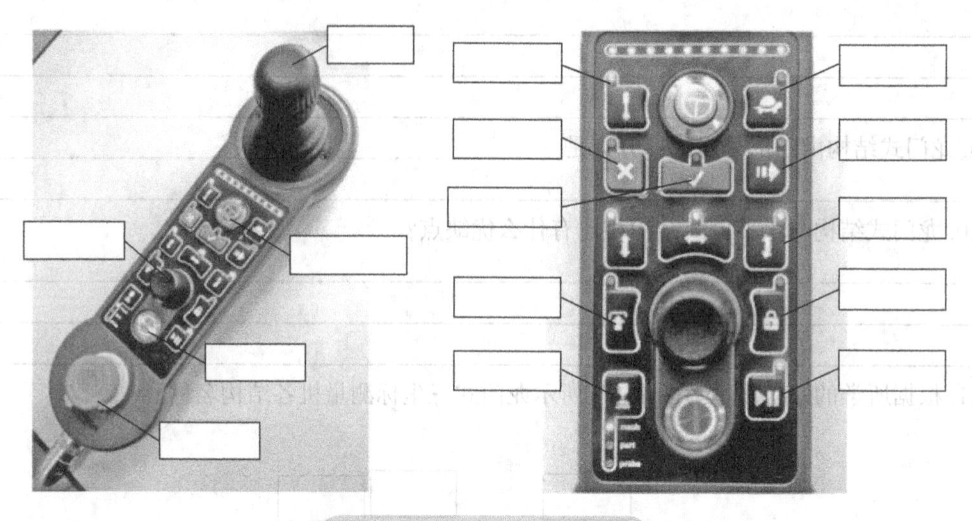

图 1-1-5　操纵盒按键（二）

______________________________________________________________________

______________________________________________________________________

______________________________________________________________________

______________________________________________________________________

______________________________________________________________________

**引导问题4：三坐标测量机对工作环境有什么要求？在日常维护保养中要注意哪些方面呢？**

1. 三坐标测量机空间梯度温度要求是（　　）。

A. < 1℃ /m³　　B. < 8℃ /m³　　C. < 16℃ /m³　　D. < 18℃ /m³

2. 下面描述不正确的是（　　）。

A. 空气压力的波动会使气浮块的气浮间隙变化，影响测量重复性

B. 气压严重不足时，气浮块不能充分浮起而造成与导轨摩擦，影响测量精度，损坏三坐标测量机气浮块和导轨

C. 当三坐标测量机不工作时，管道中的油滴可能堵塞气浮块的气孔，使气浮块不能正常浮起，造成气浮块与导轨的摩擦，损坏三坐标测量机并使气管老化。管道中的水还会腐蚀气浮块和平衡气缸

D. 三坐标测量机的进气压越大越好，气压越大，机器运行越稳定

3. 下面关于三坐标测量机日常维护保养不正确的是（　　）。

A. 用航空汽油或无水乙醇清洁三坐标测量机导轨

B. 用航空汽油或无水乙醇清洁三坐标测量机工作台面

C. 用航空汽油或无水乙醇清洁三坐标测量机喷漆外罩

D. 运行机器，检查机器在运行时有无异常声响及振动

4. 三坐标测量机的维护和保养十分重要，如果清洁维护工作没做好，或者保养不当，对三坐标测量机的精度将有很大的影响。请查阅资料并结合日常使用三坐标测量机的过程，分别简述三坐标测量机在开机操作前、操作过程中、结束操作后的维护与保养：

开机操作前______________________________________

______________________________________________

操作过程中______________________________________

______________________________________________

结束操作后______________________________________

______________________________________________

**学习活动过程评价表**

| 班级 | | 姓名 | | 学号 | | 日期 | 年　月　日 |
|---|---|---|---|---|---|---|---|
| 序号 | 评价要点 | | | | 配分 | 得分 | 总评 |
| 1 | 能够说出三坐标测量机的基本分类 | | | | 10 | | A □（86～100）<br>B □（76～85）<br>C □（60～75）<br>D □（60 以下） |
| 2 | 能够说出三坐标测量机的基本结构组成 | | | | 10 | | |
| 3 | 能够说出操纵盒上各按键的功能并能进行相应操作 | | | | 40 | | |
| 4 | 能够说出三坐标测量机的工作环境要求及保养方法 | | | | 20 | | |
| 5 | 能按照工作环境的要求，穿戴好工作服等劳保用品 | | | | 10 | | |
| 6 | 能对精密测量仪器进行维护保养 | | | | 10 | | |
| 小结建议 | | | | | | | |

## 学习任务 2　程序的运行及报告输出

1. 能正确地起动和关闭三坐标测量机。
2. 能够说出 PC-DMIS 软件界面名称及常用的快捷工具栏。
3. 能正确地打开测量程序，并运行测量程序。
4. 能正确地输出文本格式的检测报告。
5. 能够说出三坐标测量机的工作原理。
6. 能按照工作环境的要求，穿戴好工作服等劳保用品。
7. 能对精密测量仪器进行维护保养。

**引导问题1：三坐标测量机是如何起动和关闭的呢？**

1. 三坐标测量机在起动前应做好哪些准备工作？

______________________________________________

______________________________________________

______________________________________________

2. 三坐标测量机起动和关闭的正确步骤。

三坐标测量机起动步骤：________________________________

______________________________________________

______________________________________________

______________________________________________

三坐标测量机关闭步骤：________________________________

______________________________________________

______________________________________________

______________________________________________

**引导问题2：PC-DMIS软件界面和常用快捷工具栏如何使用呢？**

1. 打开 PC-DMIS 软件后，出现如图 1-1-6 所示界面，请将字母对应的区域填入相应的名称。

PC-DMIS CAD++ 4.2 Release - [图形显示窗口 - C:\PCDMIS42\qq.PRG A

文件(F) 编辑(E) 视图(V) 插入(I) 操作(O) 窗口(W) 帮助(H) B

启动 启动 TESASTAR1 C T1A0B0 Z 正 工作平面

D

文件标题
启动 = 起始坐标系
手动/DCC 模式
尺寸格式
加载测头 - TESASTAR1
T1A0B0 = 设置活动测头

E

F

G 选择视图屏幕样式 X 0 Y 0 H Z 0 SD 0.0000

图 1-1-6　PC-DMIS 软件界面

A：________ B：________ C：________ D：________

E：________ F：________ G：________ H：________

2. 下图表示的是（　　）。

A. 报告窗口　　　　B. 图形显示窗口

C. 程序编辑窗口　　D. 状态窗口

```
圆1         =特征/触测/圆/默认,直角坐标,内,最小二乘方
              理论值/<-15,24.512,-11.313>,<0,0,1>,60.5
              实际值/<-15,24.512,-11.313>,<0,0,1>,60.5
              目标值/<-15,24.512,-11.313>,<0,0,1>
              起始角=0,终止角=360
              角矢量=<1,0,0>
              方向=逆时针
              显示特征参数=否
              显示相关参数=否
            END_IF/
            ELSE_IF/C1.INPUT==2
圆2         =特征/触测/圆/默认,直角坐标,内,最小二乘方
              理论值/<150,24.512,-11.313>,<0,0,1>,60.5
              实际值/<150,24.512,-11.313>,<0,0,1>,60.5
              目标值/<150,24.512,-11.313>,<0,0,1>
              起始角=0,终止角=360
              角矢量=<1,0,0>
              方向=逆时针
              显示特征参数=否
              显示相关参数=否
            END_ELSEIF/
            ELSE_IF/C1.INPUT==3
圆3         =特征/触测/圆/默认,直角坐标,内,最小二乘方
              理论值/<150,150,-11.313>,<0,0,1>,60.5
              实际值/<150,150,-11.313>,<0,0,1>,60.5
              目标值/<150,150,-11.313>,<0,0,1>
              起始角=0,终止角=360
```

3. 为提高软件使用效率，PC-DMIS 设置了很多常用快捷工具栏，请在图片下方横线上填入相应的快捷工具栏名称。

____________________　　____________________

____________________

____________________

____________________

4. 如图 1-1-7 所示的“自动特征”工具栏中图标 表示（　　）命令。

A. 自动直线　　B. 自动棱点　　C. 自动平面　　D. 自动角点

图 1-1-7 “自动特征”工具栏

5. 如图 1-1-7 所示的“自动特征”工具栏中图标 表示（　　）命令。

A. 自动方槽　　B. 自动凹口槽　　C. 自动四边形　　D. 自动多边形

6. 如图 1-1-8 所示的“尺寸评价”工具栏中图标∠表示（　　）命令。

A. 特征位置　　B. 角度　　C. 倾斜度　　D. 距离

图 1-1-8 “尺寸评价”工具栏

7. 如图 1-1-8 所示的“尺寸评价”工具栏中图标表示（　　）命令。

A. 同轴度　　B. 同心度　　C. 平面度　　D. 圆度

8. 如图 1-1-9 所示的“构造特征”工具栏中图标表示（　　）命令。

A. 构造平面　　B. 构造曲面　　C. 构造特征组　　D. 构造宽度

图 1-1-9 “构造特征”工具栏

9. 如图 1-1-10 所示，显示测头读数的快捷键是（　　）。

A.Ctrl + W　　B.Alt + W　　C.Shift + W　　D.Ctrl + Alt + W

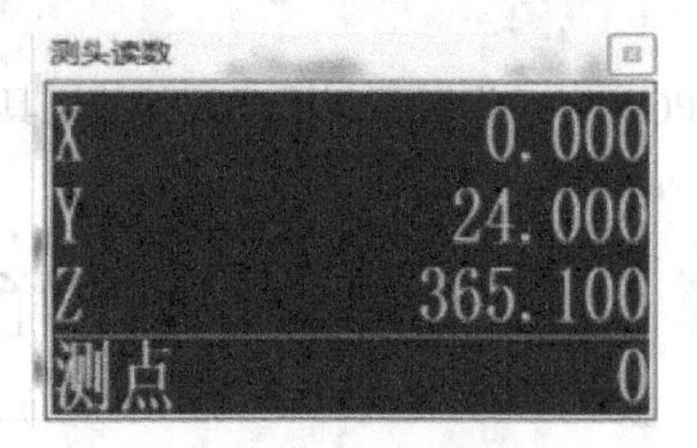


图 1-1-10 测头读数

**引导问题3：在PC-DMIS软件中如何打开及运行测量程序呢？**

1. 如图 1-1-11 所示，若要三坐标测量机执行选中的程序，则快捷键是（　　）。

A.Ctrl + U　　B.Ctrl + E　　C.Ctrl + Q　　D.Ctrl + W

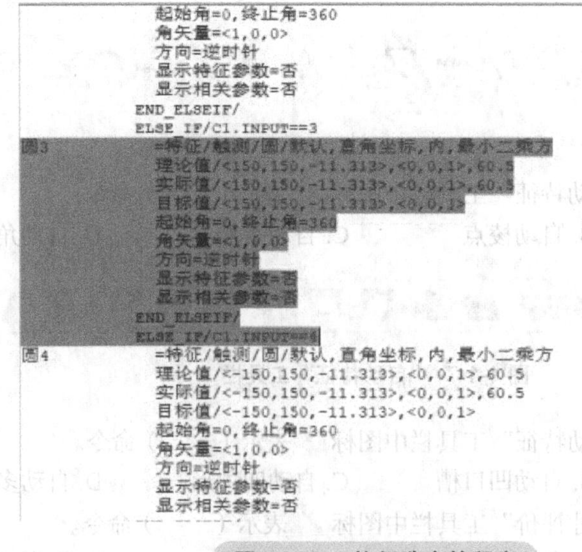

```
          起始角=0,终止角=360
          角矢量=<1,0,0>
          方向=逆时针
          显示特征参数=否
          显示相关参数=否
        END_ELSEIF/
        ELSE_IF/C1.INPUT==3
圆3       =特征/触测/圆/默认,直角坐标,内,最小二乘方
          理论值/<150,150,-11.313>,<0,0,1>,60.5
          实际值/<150,150,-11.313>,<0,0,1>,60.5
          目标值/<150,150,-11.313>,<0,0,1>
          起始角=0,终止角=360
          角矢量=<1,0,0>
          方向=逆时针
          显示特征参数=否
          显示相关参数=否
        END_ELSEIF/
        ELSE_IF/C1.INPUT==4
圆4       =特征/触测/圆/默认,直角坐标,内,最小二乘方
          理论值/<-150,150,-11.313>,<0,0,1>,60.5
          实际值/<-150,150,-11.313>,<0,0,1>,60.5
          目标值/<-150,150,-11.313>,<0,0,1>
          起始角=0,终止角=360
          角矢量=<1,0,0>
          方向=逆时针
          显示特征参数=否
          显示相关参数=否
```

图 1-1-11 执行选中的程序

2. 请描述在 PC-DMIS 软件中打开已有测量程序的步骤。

______________________________________________

______________________________________________

______________________________________________

______________________________________________

______________________________________________

3. 三坐标测量机在运行测量程序过程中，会使用到相应的快捷键，请写出以下快捷键所表示的含义。

Ctrl + Q：______________________________________________

Ctrl + U：______________________________________________

Ctrl + E：______________________________________________

**引导问题4：在PC-DMIS软件中如何输出检测报告呢？**

1. 下列说法中错误的是（　　）。

A. PC-DMIS 软件支持直接连接外部打印机打印　　B. PC-DMIS 软件可以生成 PDF 报告

C. PC-DMIS 软件不能保存电子版的文件　　D. PC-DMIS 软件可以生成 RTF 报告

2. 请写出以下检测报告输出方式的含义。

附加（Append）：______________________________________________

提示（Prompt）：______________________________________________

替换（Overwrite）：______________________________________________

自动（Auto）：______________________________________________

3. 请描述 PC-DMIS 软件输出文本格式检测报告的步骤。

______________________________________________

______________________________________________

______________________________________________

______________________________________________

______________________________________________

4. 请简述三坐标测量机的工作原理。

______________________________________________

______________________________________________

______________________________________________

______________________________________________

______________________________________________

______________________________________________

______________________________________________

**学习活动过程评价表**

| 班级 | 姓名 学号 | | 日期 | 年 月 日 |
|---|---|---|---|---|
| 序号 | 评价要点 | 配分 | 得分 | 总评 |
| 1 | 能正确地起动和关闭三坐标测量机 | 10 | | A □（86~100）<br>B □（76~85）<br>C □（60~75）<br>D □（60 以下） |
| 2 | 能够说出 PC-DMIS 软件界面名称及常用的快捷工具栏 | 20 | | |
| 3 | 能正确地打开测量程序，并运行测量程序 | 20 | | |
| 4 | 能正确地输出文本格式的检测报告 | 20 | | |
| 5 | 能够说出三坐标测量机的工作原理 | 10 | | |
| 6 | 能按照工作环境的要求，穿戴好工作服等劳保用品 | 10 | | |
| 7 | 能对精密测量仪器进行维护保养 | 10 | | |
| 小结建议 | | | | |

# 项目二　三面基准零件的手动测量

**【项目描述】**

学校数控系产学研组接到一批企业产品订单，数量为 500 件，现在产品已经加工完成。现企业要求送货，并提供三坐标检测的产品出货报告。本次的学习任务是根据生产部门提供的 CAD 模型，利用机器的操纵盒和测量软件中的“程序模式”进行采点编程，完成本次的学习任务。

**【项目图样】**

本项目图样如主教材图 1-28 所示。

**【项目任务】**

任务 1　测头的选择及校验

任务 2　CAD 模型的相关操作

任务 3　零件坐标系的建立

任务 4　程序的编写（手动测量）

任务 5　程序的运行

任务 6　公差评价及报告评价输出

**【项目分析】**

通过小组讨论的形式，分析图样，明确所要测量的尺寸，根据测量室现有的测量条件，填写检测方案表 1-2-1，并按照主教材表 1-8 所列的尺寸顺序，出具一份完整的检测报告。

表 1-2-1　三面基准零件的检测方案

<table>
<tr><td>产品名称</td><td colspan="3"></td><td>产品图号</td><td></td></tr>
<tr><td>主要检测设备</td><td></td><td>型号</td><td></td><td>工作行程</td><td></td></tr>
<tr><td colspan="6">测头系统配置</td></tr>
<tr><td colspan="2">测座</td><td colspan="4"></td></tr>
<tr><td colspan="2">转接（可省略）</td><td colspan="4"></td></tr>
<tr><td colspan="2">传感器</td><td colspan="4"></td></tr>
<tr><td colspan="2">加长杆（可省略）</td><td colspan="4"></td></tr>
<tr><td colspan="2">测针</td><td colspan="4"></td></tr>
<tr><td colspan="6">零件装夹方法</td></tr>
<tr><td colspan="2">夹具名称</td><td colspan="4"></td></tr>
<tr><td colspan="2">零件摆放方向</td><td colspan="4"></td></tr>
<tr><td colspan="6">测头角度的选择</td></tr>
<tr><td colspan="2">角度</td><td colspan="3">对应检测的尺寸编号</td><td>安全平面</td></tr>
<tr><td colspan="2"></td><td colspan="3"></td><td></td></tr>
<tr><td colspan="2"></td><td colspan="3"></td><td></td></tr>
<tr><td colspan="2"></td><td colspan="3"></td><td></td></tr>
<tr><td colspan="2"></td><td colspan="3"></td><td></td></tr>
<tr><td colspan="2"></td><td colspan="3"></td><td></td></tr>
<tr><td colspan="2"></td><td colspan="3"></td><td></td></tr>
<tr><td colspan="6">零件坐标系的建立</td></tr>
<tr><td rowspan="6">粗建坐标系</td><td>X 轴方向</td><td colspan="4"></td></tr>
<tr><td>X 轴原点</td><td colspan="4"></td></tr>
<tr><td>Y 轴方向</td><td colspan="4"></td></tr>
<tr><td>Y 轴原点</td><td colspan="4"></td></tr>
<tr><td>Z 轴方向</td><td colspan="4"></td></tr>
<tr><td>Z 轴原点</td><td colspan="4"></td></tr>
<tr><td rowspan="6">精建坐标系</td><td>X 轴方向</td><td colspan="4"></td></tr>
<tr><td>X 轴原点</td><td colspan="4"></td></tr>
<tr><td>Y 轴方向</td><td colspan="4"></td></tr>
<tr><td>Y 轴原点</td><td colspan="4"></td></tr>
<tr><td>Z 轴方向</td><td colspan="4"></td></tr>
<tr><td>Z 轴原点</td><td colspan="4"></td></tr>
<tr><td rowspan="4">运动参数设置</td><td>逼近距离</td><td colspan="4"></td></tr>
<tr><td>回退距离</td><td colspan="4"></td></tr>
<tr><td>移动速度</td><td colspan="4"></td></tr>
<tr><td>触测速度</td><td colspan="4"></td></tr>
</table>

**【方案展示与评价】**

把各个小组制订好的检测方案表格进行展示，并由小组推荐代表做必要的介绍。在展示的过程中，以组为单位进行评价；其他组对展示小组的成果进行相应的评价，展示小组同时也要接受其他组的提问，并做出回答，提问题的小组要事先为所提问题提供一个参考答案。小组展示可以采用 PPT、图片、海报、录像等形式，时间控制在 10min 以内，教师对展示的作品分别做评价，并填写表 1-2-2 所示的评价表，方案通过的小组进入检测操作环节。

表 1-2-2 评价表

| 班级 | | 姓名 | | 日期 | 年 月 日 |
|---|---|---|---|---|---|
| 序号 | 评价要点 | | 配分 | 得分 | 总评 |
| 1 | 出勤、纪律、态度 | | 20 | | A □（86～100）<br>B □（76～85）<br>C □（60～75）<br>D □（60 以下） |
| 2 | 讨论、互动、协作精神 | | 30 | | |
| 3 | 表达、会话 | | 20 | | |
| 4 | 学习能力、收集和处理信息能力、创新精神 | | 30 | | |
| 小结<br>建议 | | | | | |

## 学习任务 1 测头的选择及校验

1. 能根据实际测量情况，合理选择测头配置（包括测座、传感器、加长杆、测针）。
2. 能根据图样的要求，添加正确的测头角度。
3. 能正确操作机器，对已经配置好的测针进行校验，并能判断校验结果。
4. 能按照工作环境的要求，穿戴好工作服等劳保用品。
5. 能对精密测量仪器进行维护保养。

**引导问题1：测头系统由哪些部件组成？**

1. 测头系统一般包括________、________、________，需要时还可添加________和________。请写出图 1-2-1 所示测头系统各部件的名称。

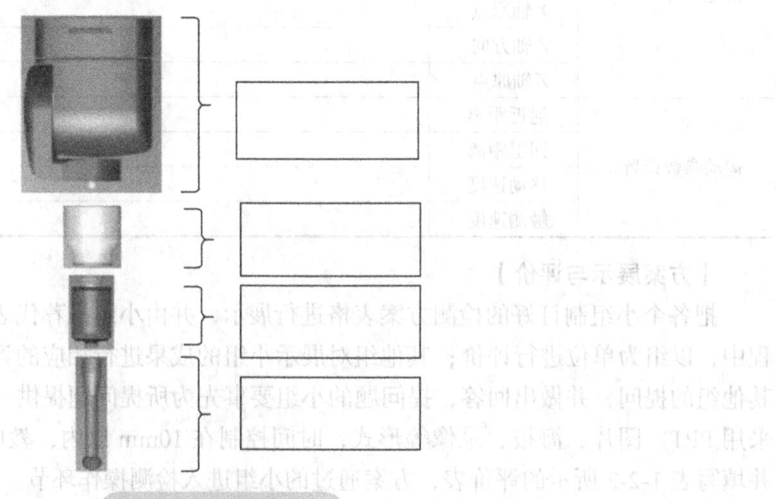

图 1-2-1 测头系统

2.（判断题）在配置测头时，能用加长杆尽量用加长杆，而且越长越好。（　　）

3. 测头可分为________测头、________测头和________测头。

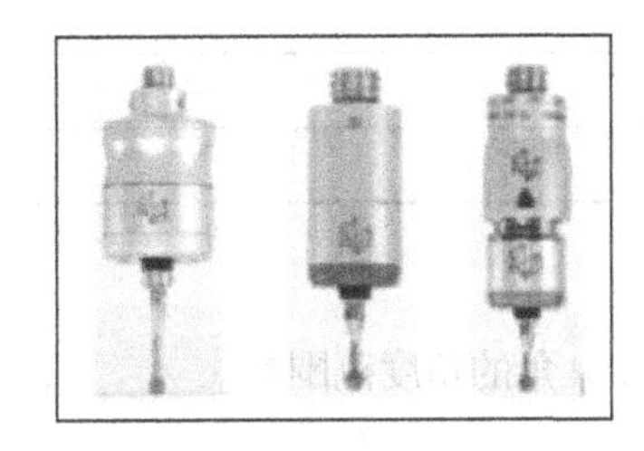

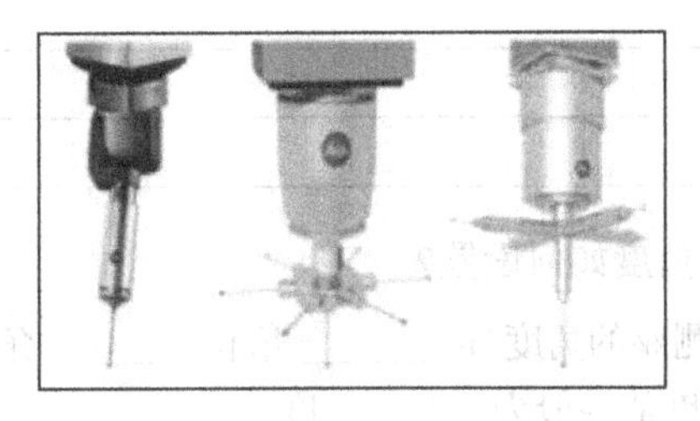

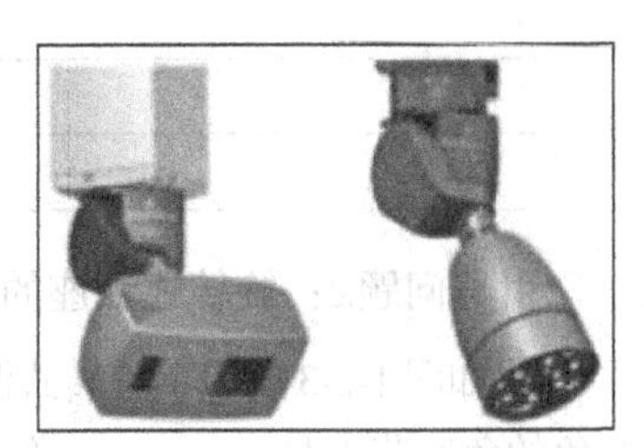

______________测头　　______________测头　　______________测头

4.（判断题）触发测头适合用于曲面的测量。（　　）

5. 测座分为________测座和________测座。

该测座是________测座。

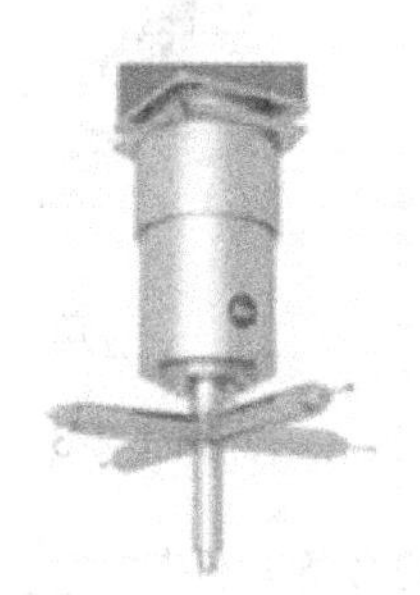

该测座是________测座。

6. 常用的测针一般有以下几种：

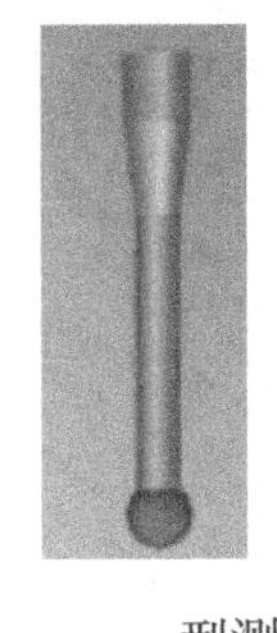

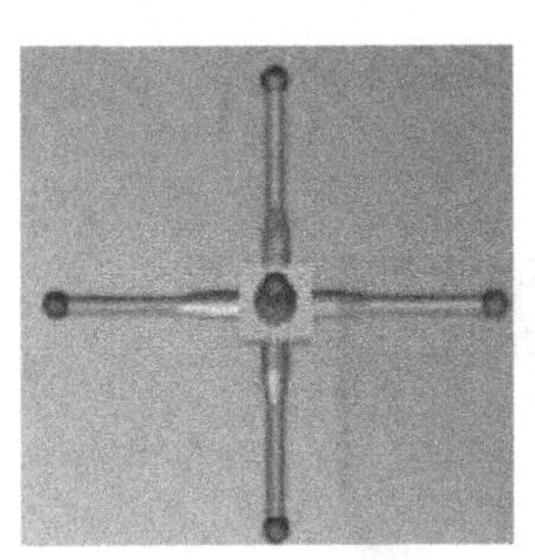

________型测针　________型测针　________型测针　________型测针

7. 请写出图 1-2-2 所示测针结构中 $A$、$B$、$C$、$D$ 分别表示的意思。

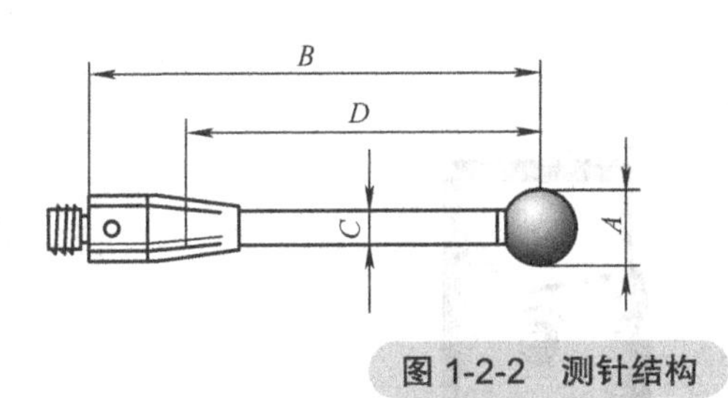


图 1-2-2　测针结构

$A$：__________

$B$：__________

$C$：__________

$D$：__________

8. 要完成项目二主教材图 1-28 所示零件的测量，请写出您的测头文件配置：

______________________________________________

______________________________________________

______________________________________________

______________________________________________

______________________________________________

**引导问题2：旋转式测座的角度如何设置？**

1. 如图 1-2-3 所示，旋转式测座的角度分________角和________角，*A* 角的角度范围是________，*B* 角的角度范围是________，分度值一般为________度。

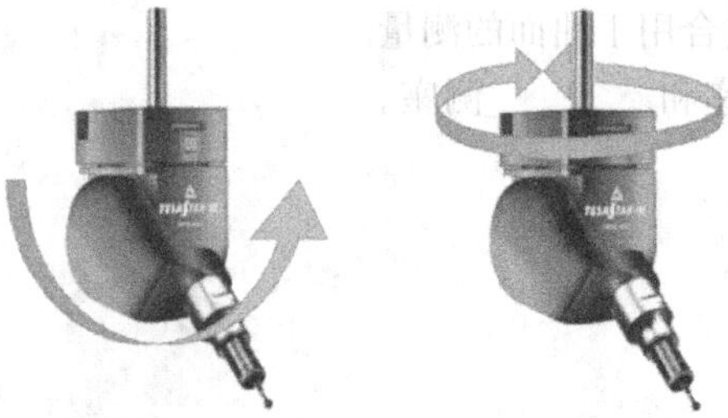

________角　　________角

图 1-2-3　旋转式测座的角度

2. 以下不是测头系统的必备元件是________。

A. 测座　　B. 测针　　C. 传感器　　D. 转接

3. 请写出得到下图所示测针角度的设置方式：

A________B________；

A________B________。

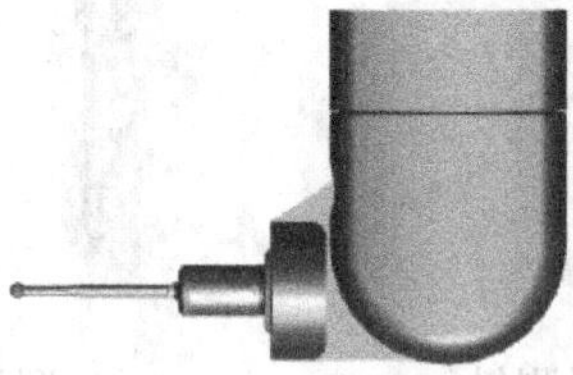

4. 请写出得到下图所示测针角度的设置方式：

A________B________；

A________B________；

A________B________。

5. 要得到下图所示测针角度，正确的设置方式是________。

A. A90B90　　B. A45B90　　C. A45B－90　　D. A45B0

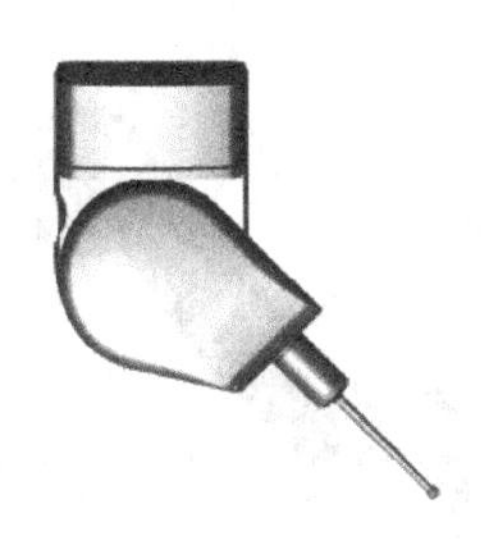

6. 要得到下图所示测针角度，正确的设置方式有________。

A. A90B90　　B. A90B－90　　C. A－90B90　　D. A－90B90

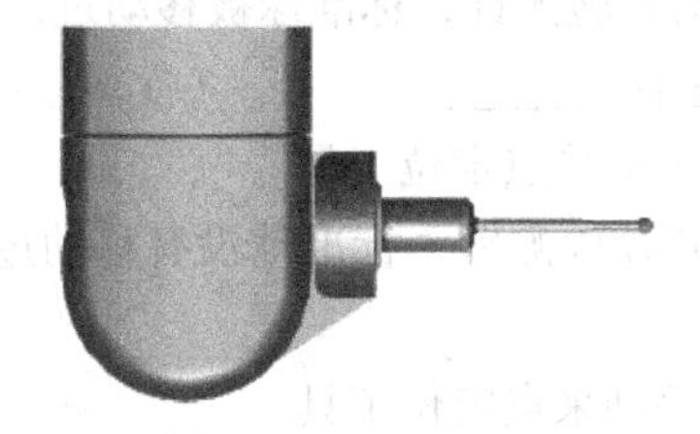

7.（判断题）旋转式测座的 *A* 角测量范围为 0° ~ +90°、0° ~ −115°，*B* 角测量范围为 0° ~ +180°、0° ~ −180°。（　　）

8.（判断题）旋转式测座的 *A* 角和 *B* 角是这样规定的：测座围绕主轴自转方向为 *A* 角；俯视抬高方向为 *B* 角。（　　）

**引导问题3：如何校验测针？**

1. 在定义标准球的设置中，标准球的方向如下图放置时，支撑矢量 IJK 应设置为：I________，J________，K________。

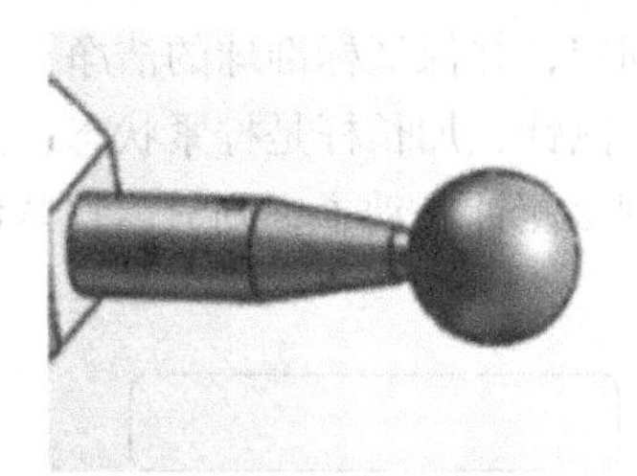

2. 在定义标准球的设置中，标准球的方向如下图放置时，支撑矢量 IJK 应设置为：I________，J________，K________。

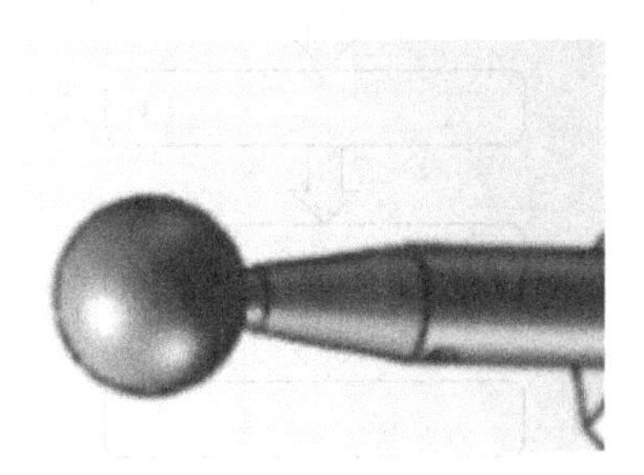

3. 在定义标准球的设置中，标准球的方向如下图放置时，支撑矢量 IJK 应设置为：I________，J________，K________。

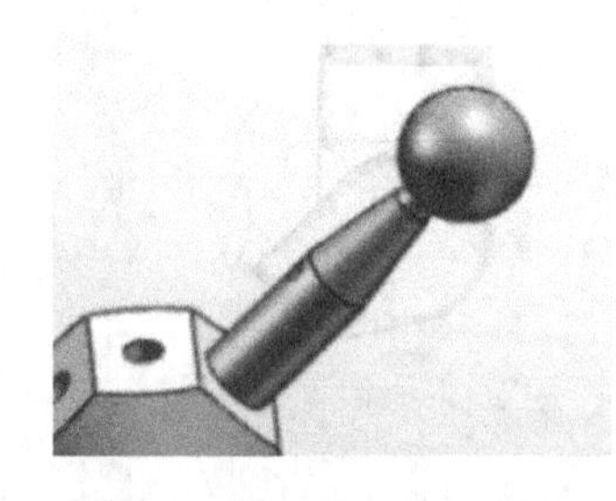

4. 在校验测针时，如果是第一次校验，在选择采点定位工具方式时，应选择________。

A. 否　　B. 是 - 手动采点定位工具　　C. 是 -DCC 采点定位工具

5. 在校验测针时，如果是重新校验测针，标准球被移动过，需要先验参考测针（A0B0），且在选择采点定位工具方式时，应选择________。

A. 否　　B. 是 - 手动采点定位工具　　C. 是 -DCC 采点定位工具

6. 在校验测针时，如果是重新校验测针，标准球没有移动过，在选择采点定位工具方式时，应选择________，自动测量。

A. 否　　B. 是 - 手动采点定位工具　　C. 是 -DCC 采点定位工具

7.（多选题）以下________原因会造成测针校验结果偏大。

A. 测针配置超长，刚性太差　　B. 测头组件或标准球连接不牢固

C. 测针尖粘了灰尘，不干净　　D. 标准球有磨损

8. 当发生以下________情况时，不需要重新校验测头。

A. 测量系统发生碰撞时　　B. 测头部分更换测针或重新旋紧后

C. 增加了新角度　　D. 标准球被移动过

9. 三坐标测量系统中，下列说法错误的是________。

A. 夹具的稳定性对测量准确性很重要，所以测量前一定要检查测量零件的稳定性

B. 校验测头前一定要将标准球固定，并保证标准球的洁净

C. 校验测头前一定要保证测头、测针、加长杆是拧紧状态，并保证红宝石球的洁净

D. 校验完某一个测针后，若发现该测针松动了，则只需拧紧使用，而不需要重新校验

10. 写出测头校验流程：

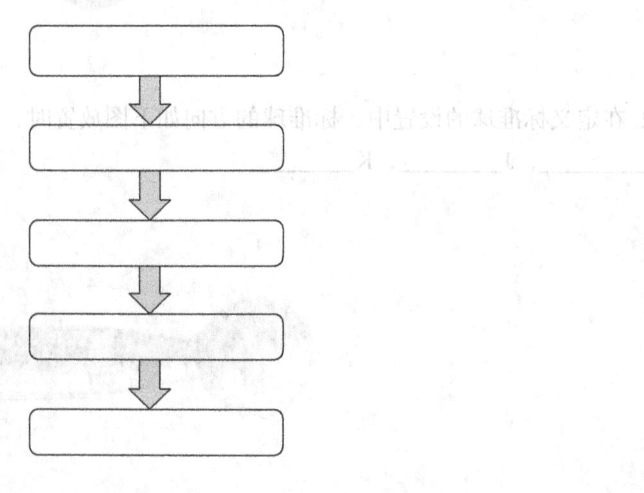

11. 测头校验的目的是什么？

______________________________________________

______________________________________________

______________________________________________

**学习活动过程评价表**

| 班级 | 姓名　　学号 | | 日期 | 年　月　日 |
|---|---|---|---|---|
| 序号 | 评价要点 | 配分 | 得分 | 总评 |
| 1 | 能根据实际测量情况，合理选择测头配置（包括测座、传感器、加长杆、测针） | 20 | | |
| 2 | 能根据图样的要求，添加正确的测头角度 | 20 | | |
| 3 | 能够正确操作机器，对已经配置好的测针进行校验，并能判断校验结果 | 40 | | A □（86～100）<br>B □（76～85）<br>C □（60～75）<br>D □（60 以下） |
| 4 | 能按照工作环境的要求，穿戴好工作服等劳保用品 | 10 | | |
| 5 | 能对精密测量仪器进行维护保养 | 10 | | |
| 小结建议 | | | | |

## 学习任务 2　CAD 模型的相关操作

1. 能将零件的 CAD 模型导入 PC-DMIS 软件。
2. 能对 CAD 模型进行相关处理。
3. 能正确选择工作平面（或投影平面）。
4. 能在 CAD 模型上进行手动采点。
5. 能按照工作环境的要求，穿戴好工作服等劳保用品。
6. 能对精密测量仪器进行维护保养。

**引导问题1：如何将零件CAD模型导入PC-DMIS软件?**

1.（多选题）PC-DMIS 软件为导入 CAD 模型的数据文件提供了多种数据类型，可选择________。

A. igs/iges　　B. dxf/xwg　　C. Pro/E 转换器　　D. CAD

2. 本书介绍可导入 PC-DMIS 软件的 CAD 模型的数据类型是________。

A. iges　　B. dxf　　C. doc　　D. dwg

3. 打开“测头读数”对话框的快捷方式是________。

A. Alt + P　　B. Ctrl + W　　C. Ctrl + Q　　D. Ctrl + U

**引导问题2：如何选择正确的工作平面（投影平面）？**

1. 使用三坐标测量机软件编程时，下列说法错误的是________。

A. 手动方式测量圆时，不需要考虑工作平面

B. 构造 2D 直线时要选择正确的工作平面

C. 评价 2D 距离和夹角时要选择正确的工作平面

D. 测量二维元素时要考虑正确的工作平面

2. 以下选项中哪一个向量表示测头是朝 $Y$ 轴正方向进行测量________。

A. 0，1，0　　B. −1，0，0

C. 0，−1，0　　D. 0，0，1

3. 以下选项中哪一个向量表示测头是朝 $X$ 轴正方向进行测量________。

A. 0，1，0　　B. 1，0，0

C. 0，−1，0　　D. 0，0，1

4. 写出下图所示各工作平面的位置。

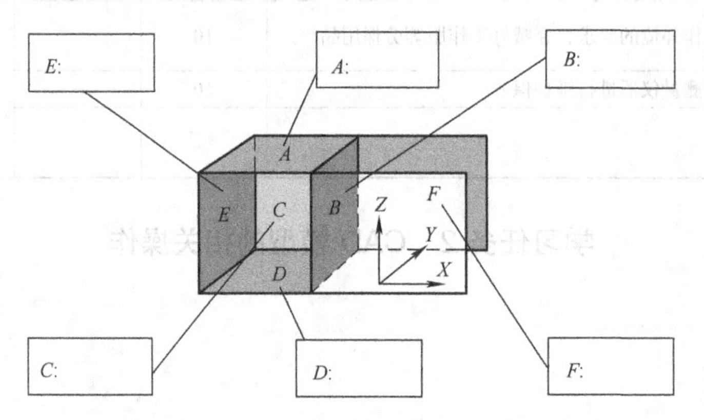


5. 观察下图，按箭头所指的结构创建一个圆特征，工作平面应该为________。

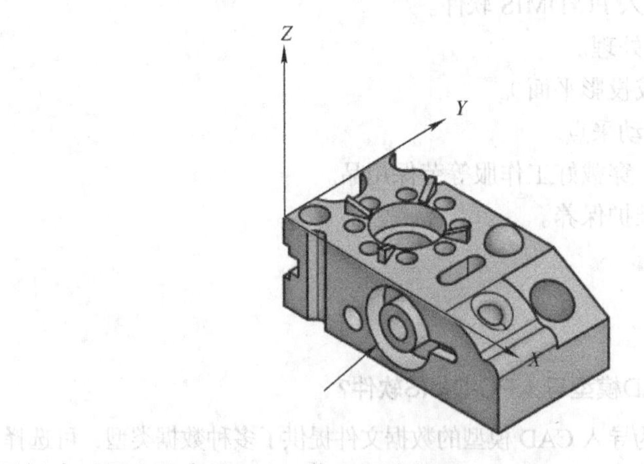


6. 想要创建下图中的直线 9，工作平面应该是____________。

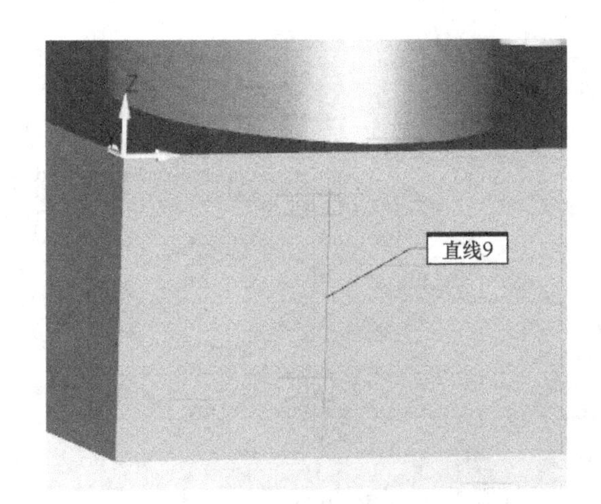


7. 想要创建下图中的直线 10，工作平面应该是________________。

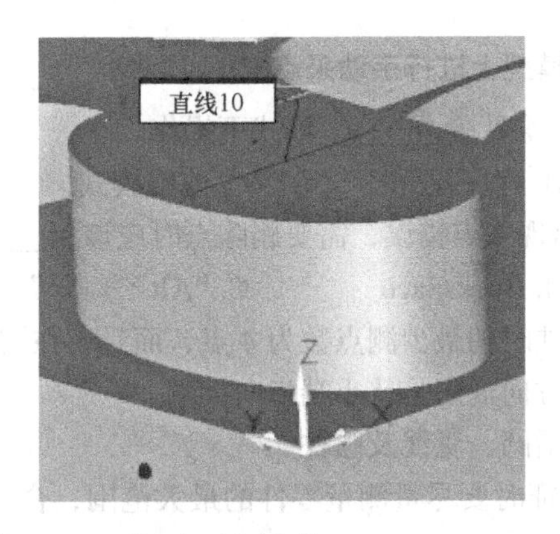


8. 想要创建下图中的直线 11，工作平面应该是________________。

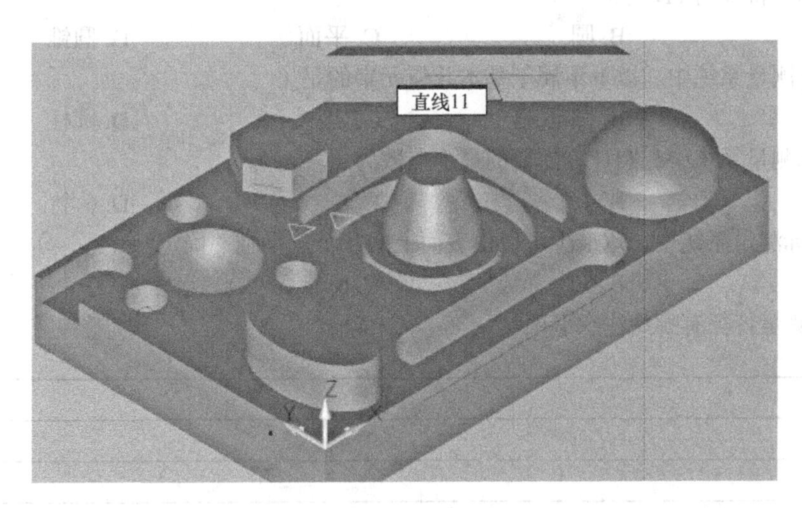


9. 观察下图中的直线 2 至直线 10，工作平面为 $Z$ 正（或 $Z$ 负）时创建的是________，工作平面为 $X$ 正（或 $X$ 负）时创建的是________，工作平面为 $Y$ 正（或 $Y$ 负）时创建的是________。

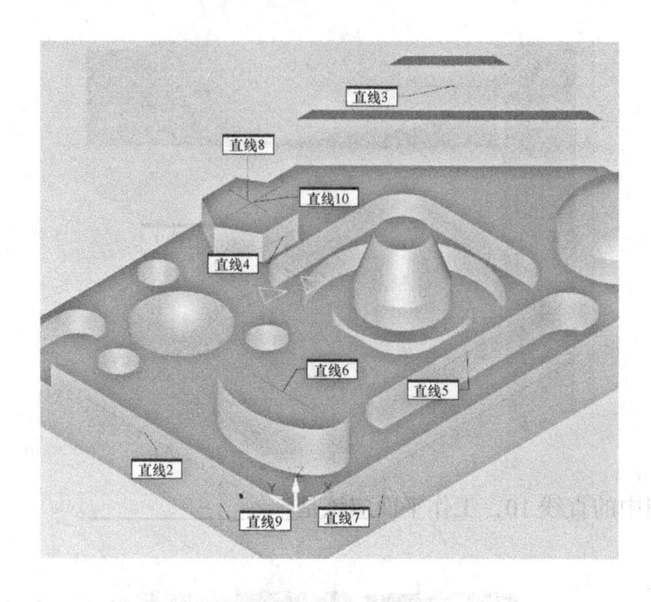


**引导问题3：如何在CAD模型上进行手动采点？**

1. 在模型上手动采点时，需要在________模式下操作。

A. 自动模式　　B. 程序模式　　C. 曲线模式

2. 在采点的过程中如果出现采点错误，需要删除点时应该用________。

A. Delete　　B. Backspace　　C. “Alt” + “–”

3.（判断题）手动测量圆柱时的最少测点数为 4 点，而且不在同一层上。（　　）

4.（判断题）圆锥的矢量方向规定是从小端指向大端。（　　）

5.（判断题）二维特征包括圆、直线及圆柱。（　　）

6.（判断题）手动测量特征时要尽量测量零件的最大范围，合理分布测点位置和测量适当的点数。（　　）

7. 下列哪些特征为 2D 特征？（　　）

A. 球体　　B. 圆　　C. 平面　　D. 圆锥

8. 三坐标测量系统中，以下不属于基本几何元素的是（　　）。

A. 齿轮　　B. 圆环　　C. 点　　D. 圆柱

9. 三坐标测量系统中，圆计算需要的最少点数为（　　）。

A. 3 个　　B. 4 个　　C. 5 个　　D. 6 个

10. 三坐标测量系统中，球最少可以由表面上的几个点来唯一确定？（　　）

A. 4 个　　B. 5 个　　C. 6 个　　D. 7 个

11. 手动测量特征有哪些注意事项？

______________________________

______________________________

______________________________

______________________________

**引导问题4：如何对CAD模型进行相关处理？**

1. “导入”菜单的路径：______________________________

2. 单击下图箭头所指的图标，能打开什么功能的对话框？

3. 打开“视图设置”对话框的步骤是什么？

4. 通过下图圈出的图标，可切换图形的看图方向，选择图形的显示模式是实体显示还是线型显示等操作，请在方格内回答相关问题。

按下上图框中按钮为＿＿＿＿，未按下为＿＿＿＿。

5. 更改 CAD 模型颜色的步骤，单击“编辑”→“图形显示窗口”→＿＿＿＿。

6.CAD 模型坐标系的转换步骤，单击“操作”→“图形显示窗口”→＿＿＿＿。

7. 三坐标测量机的测量基于三维空间原理，通常使用＿＿＿＿来代表空间三个坐标值。

**学习活动过程评价表**

| 班级 | 姓名 | 学号 | 日期 | 年　月　日 |
|---|---|---|---|---|
| 序号 | 评价要点 | 配分 | 得分 | 总评 |
| 1 | 能够将零件的 CAD 模型导入 PC-DMIS 软件 | 10 | | A □（86～100）<br>B □（76～85）<br>C □（60～75）<br>D □（60 以下） |
| 2 | 能够对 CAD 模型进行相关处理 | 20 | | |
| 3 | 能正确选择工作平面（或投影平面） | 20 | | |
| 4 | 能够在 CAD 模型上正确手动测量特征 | 20 | | |
| 5 | 能够阐述常用几何特征的属性 | 10 | | |
| 6 | 能按照工作环境的要求，穿戴好工作服等劳保用品 | 10 | | |
| 7 | 能对精密测量仪器进行维护保养 | 10 | | |
| 小结建议 | | | | |

# 学习任务3 零件坐标系的建立

1. 能讲述 3-2-1 法手动建立零件坐标系的步骤。
2. 能根据图样的要求，正确选择零件坐标系的原点。
3. 能检验已建好的坐标系是否正确。
4. 能按照工作环境的要求，穿戴好工作服等劳保用品。
5. 能对精密测量仪器进行维护保养。

**引导问题1：如何用3-2-1法手动建立零件坐标系？**

1. 每台三坐标测量机在出厂时就有一个坐标系，这个坐标系是________。
A. 零件坐标系　　B. 机器坐标系　　C. 自动坐标系
2. 根据测量和评定工作的需要，使用零件上的几何要素建立的坐标系为________。
A. 零件坐标系　　B. 机器坐标系　　C. 自动坐标系
3. 用 3-2-1 法手动建立零件坐标系的步骤共有三步：________、________、设定原点。
4. 在键盘上按________键，结束采点。
A. End　　B. Delete　　C. Backspace
5. 打开新建坐标系命令的快捷键是________。
A. Ctrl+Alt+A　　B. Ctrl+A　　C. Alt+A
6. 三坐标测量系统中，添加安全平面的快捷方式是________。
A. F5　　B. F6　　C. F10　　D. F9
7. 三坐标测量机的机器坐标系采用的是________坐标系？
A. 笛卡儿坐标系　　B. 机床坐标系　　C. 圆柱坐标系　　D. 球坐标系

**引导问题2：如何根据图样的要求，正确选择零件坐标系的原点？**

1. 观察下图的尺寸标注，此零件坐标系应建在________位置。

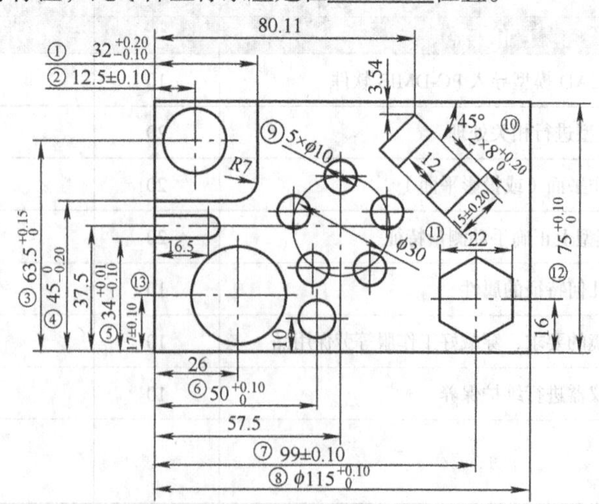

2. 观察本项目主教材 1-28 的尺寸标注，此零件坐标系应建在________位置。

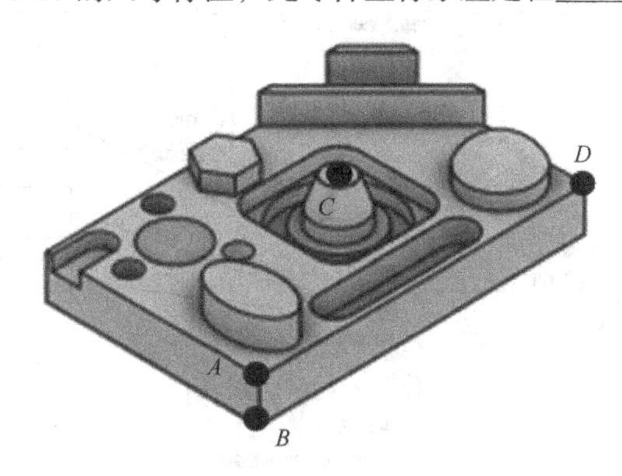


**引导问题3：如何检验已建好的坐标系？**

1.（判断题）3-2-1 法生成坐标系，平面不仅可确定为 Z+ 方向，也可以设他为其他任意轴的方向。（　　）

2.（多选题）建立零件坐标系的目的有________。

A. 满足检测工艺的要求

B. 满足同类批量零件的测量

C. 满足装配、加工和设计基准的建立

3.（多选题）零件在空间直角坐标系中，都有六个自由度，包括________。因此，要确定零件在夹具中的准确位置，必须用各种定位元件的适当分布来限制零件的六个自由度。

A. 沿 X 轴的移动和绕 X 轴的转动

B. 沿 Y 轴的移动和绕 Y 轴的转动

C. 沿 Z 轴的移动和绕 Z 轴的转动

D. 极坐标系没有自由度

4. 空间直角坐标系中的自由体，共有________个自由度。

A. 七　　B. 五　　C. 六　　D. 八

5.（多选题）建立坐标系的步骤是________。

A. 零件找正　　B. 旋转轴　　C. 设置原点

6. 填写打开“坐标系功能”对话框的步骤。

[　　　　] → [　　　　] → [　　　　]

7. 在 3-2-1 法中锁定旋转方向时，单击“直线 1”，在“旋转到”下拉列表框里选择“X 正”，在“围绕”下拉列表框里选择“Z 正”，然后单击“旋转”按钮，勾选________轴为原点。

8. 查看坐标系，在________可以很直观地显示已经存在的特征的位置。

9. 建立零件坐标系时，在图 1-2-4 所示“坐标系功能”对话框中填写内容。

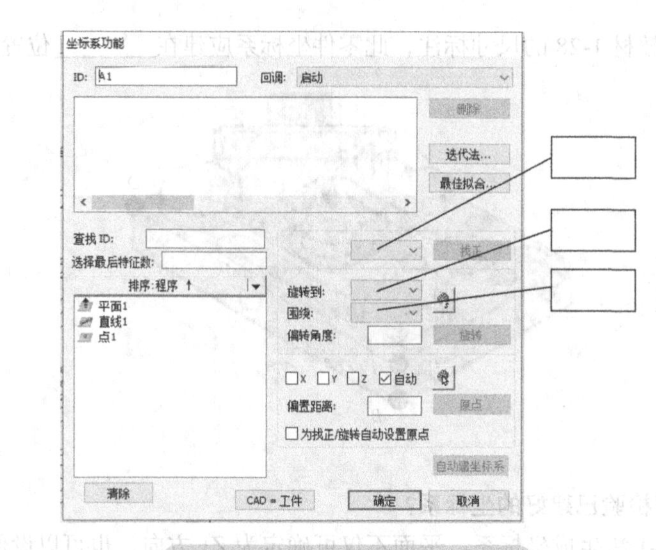

图 1-2-4 “坐标系功能”对话框

10. 如图 1-2-5 所示测量点，在方框内填写名称。

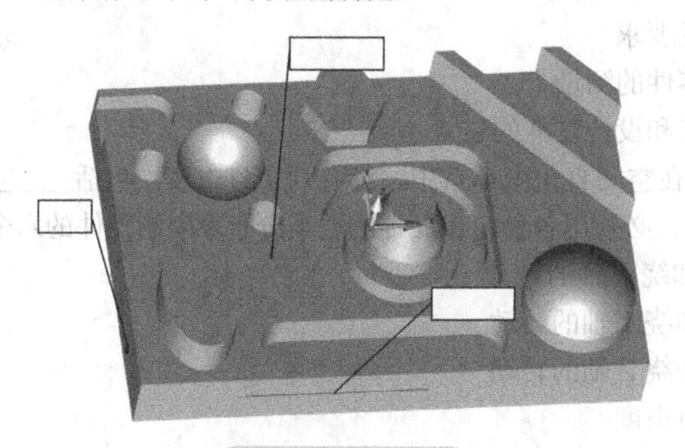
图 1-2-5 测量点

**学习活动过程评价表**

| 班级 | | 姓名 | | 学号 | | 日期 | 年 月 日 |
|---|---|---|---|---|---|---|---|
| 序号 | 评价要点 | | | | 配分 | 得分 | 总评 |
| 1 | 能讲述 3-2-1 法手动建立零件坐标系的步骤 | | | | 40 | | A □（86～100）<br>B □（76～85）<br>C □（60～75）<br>D □（60 以下） |
| 2 | 能根据图样的要求，正确选择零件坐标系的原点 | | | | 20 | | |
| 3 | 能检验已建好的坐标系是否正确 | | | | 20 | | |
| 4 | 能按照工作环境的要求，穿戴好工作服等劳保用品 | | | | 10 | | |
| 5 | 能对精密测量仪器进行维护保养 | | | | 10 | | |
| 小结建议 | | | | | | | |

## 学习任务4　程序的编写（手动测量）

1. 能判断出哪些尺寸评价需要通过构造特征来获得。
2. 能根据尺寸要求选择正确的构造方法来构造特征。
3. 能正确构造出所需要的特征。
4. 能按照工作环境的要求，穿戴好工作服等劳保用品。
5. 能对精密测量仪器进行维护保养。

**引导问题1：判断哪些尺寸评价需要通过构造特征获得？**

1. 观察图1-2-6，下列选项中不含有构造特征的是________。

A. 直线3、直线4、直线5

B. 直线3、直线4、直线6

C. 直线6、直线7、点2

D. 直线3、直线4、直线8

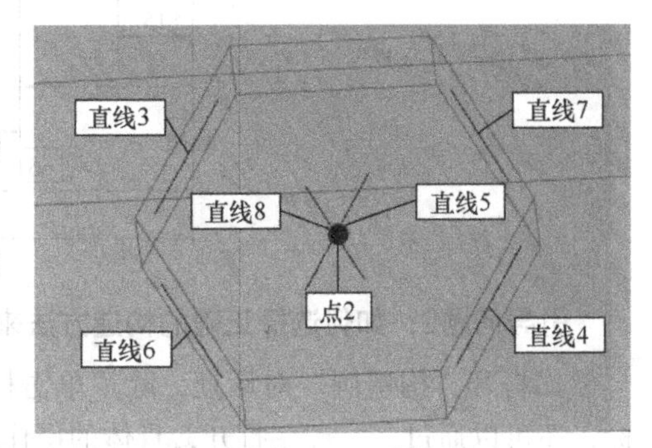


图1-2-6　构造特征图例

2. 观察下图，________________________尺寸需要通过构造元素才能评价得到。

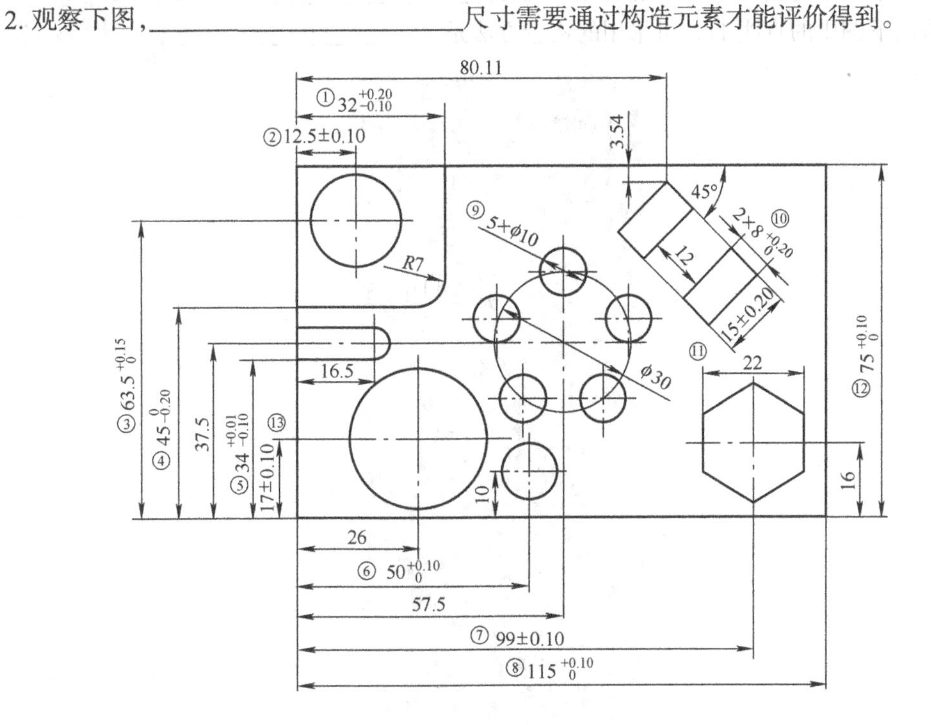

3. 观察下图，________________尺寸需要通过构造元素才能评价得到。

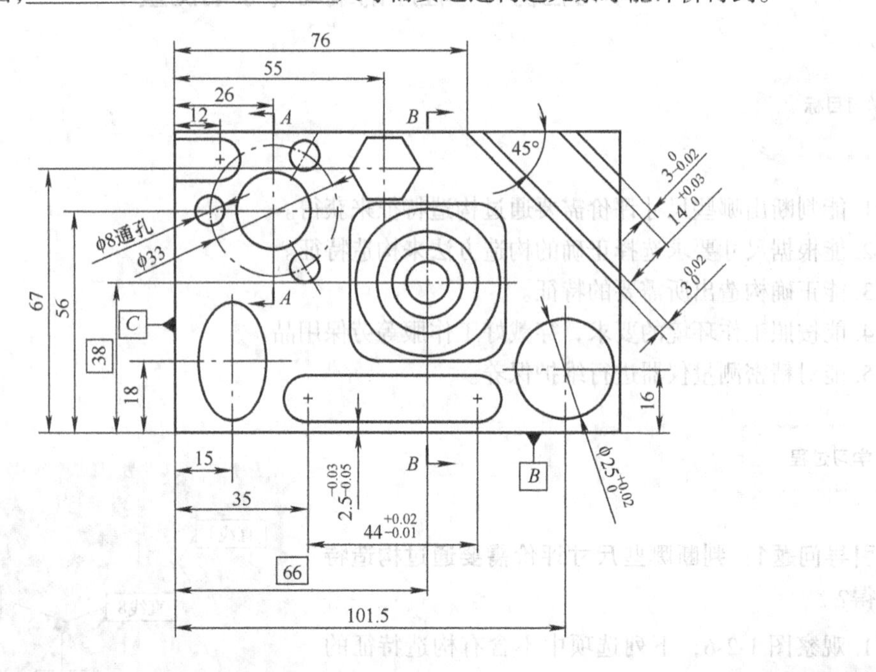


**引导问题2：如何选择正确的构造方法来构造特征？**

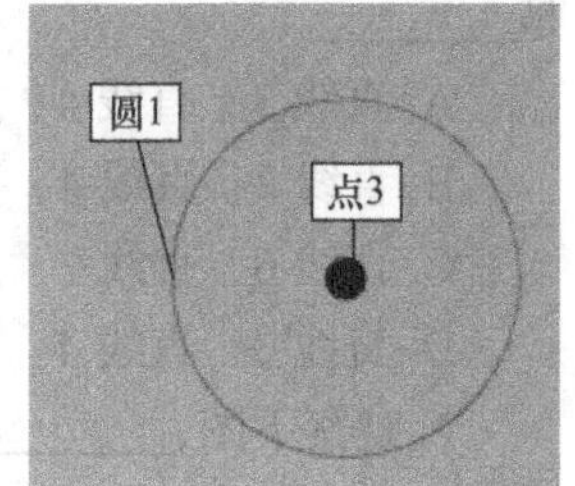


1. 打开“构造圆”对话框，除了单击构造特征工具栏上的快捷图标，还可以通过________打开，具体的操作路径是：________________________________________________。

2. 构造出下图中的点 3，可采用的构造方法是________________。

3. 构造出下图中的直线 11，可采用的构造方法是______________。

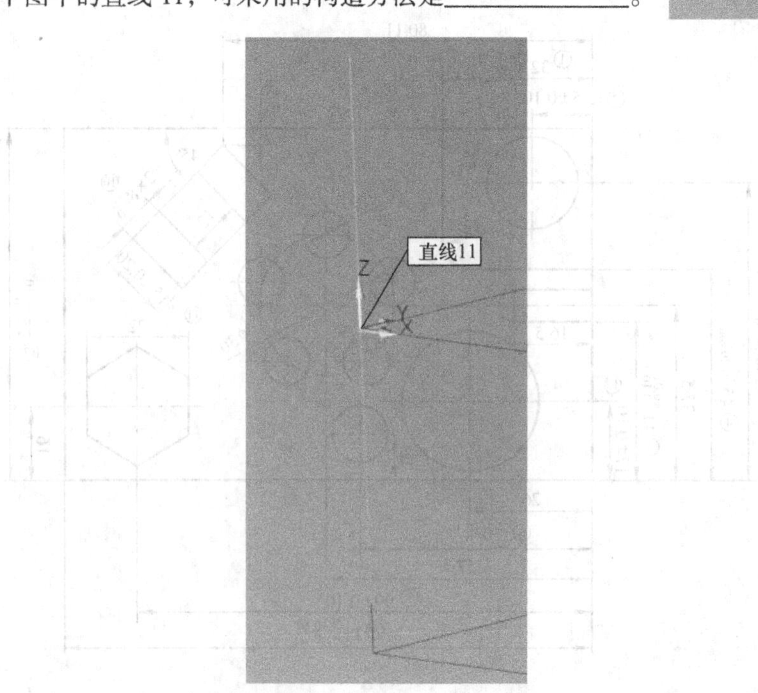

4. 构造出下图中的圆 3，可采用的构造方法是________。

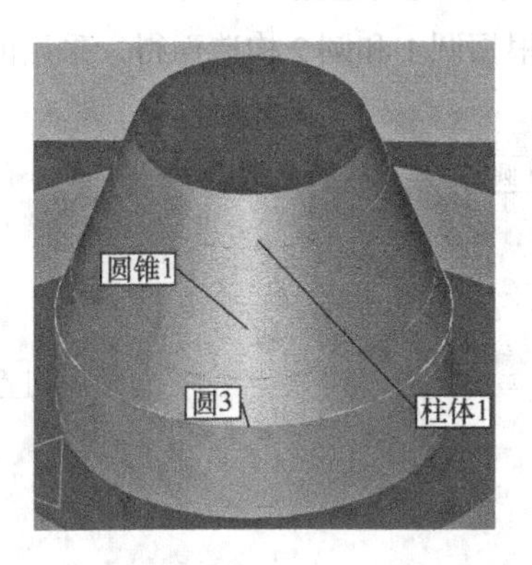


5. 下图中的点 4 通过圆锥 1 和平面 5 构造而得，其采用的构造方法是________。

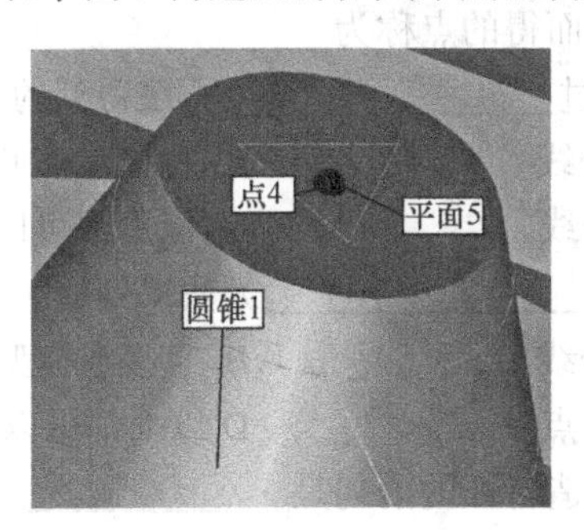


6. 下图中的直线 12 与直线 13 都由平面 6 和平面 7 相交构造而得，但得到的直线矢量却不一样，原因是________________________。

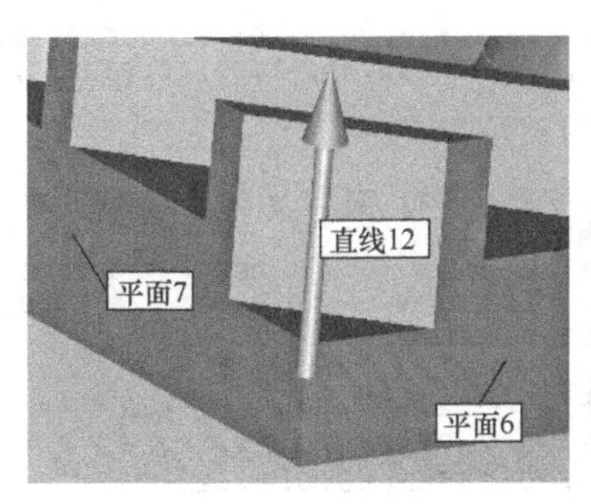


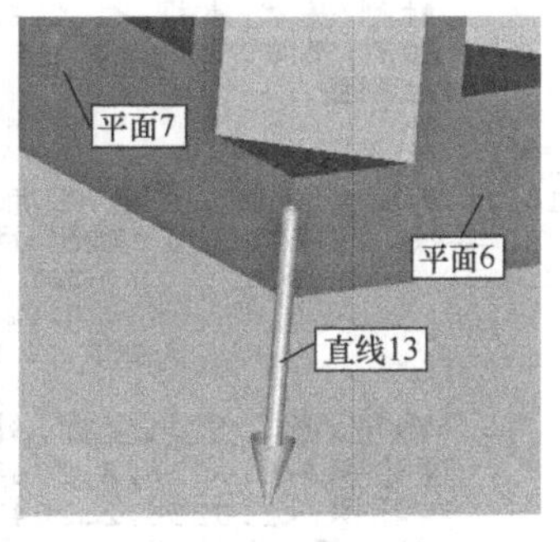


7. 想要通过构造得到下图中的点 4，可以采用________方法，还可以采用________方法。

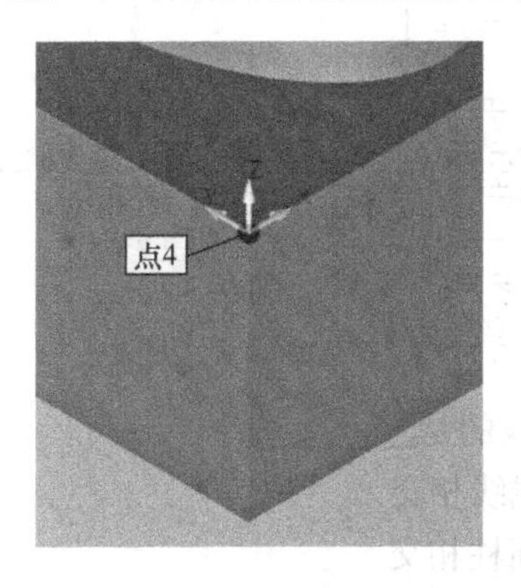

**引导问题3：如何正确构造出所需要的特征？**

1. 观察下图中的点 2，它是根据圆 1 和圆 2 构造而得，采用的构造方法是________。

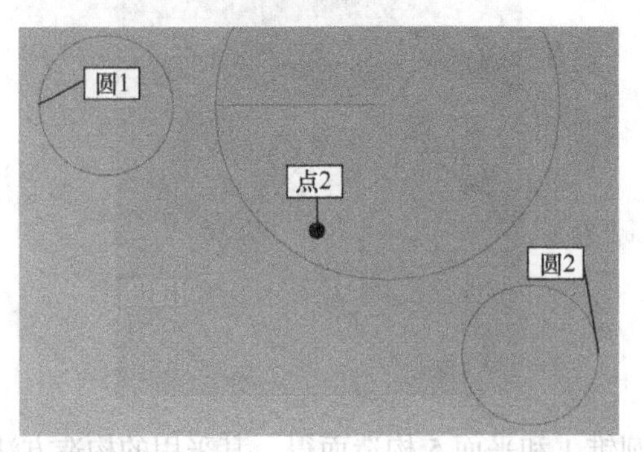


2. 在三个平面的交叉处构造而得的点称为________。
3. 图 1-2-6 中，直线 5 是通过________方法得到的。
A. 直线 3 和直线 4 构造平分线　　B. 直接在模型上采直线
C. 直线 6 和直线 7 构造平分线　　D. 以上都可以
4. 图 1-2-6 中，点 2 是通过________方法得到的。
A. 直线 3 和直线 4 构造平分线　　B. 直接在模型上采点
C. 直线 5 和直线 8 构造相交点　　D 以上都可以
5. 下列程序语句中，属于构造特征的语句是________。

A.
```
直线1      =特征/直线，直角坐标,非定界
           理论值/<1.006,0,-0.1093>,<1,0,0>
           实际值/<1.006,0,-0.1093>,<1,0,0>
           测定/直线,2,Z 正
             触测/基本,常规,<1.006,0,-0.1161>,<0,-1,0>,<1.006,0,-0.1161>,
             触测/基本,常规,<2.9533,0,-0.1025>,<0,-1,0>,<2.9533,0,-0.1025>
           终止测量/
```

B.
```
DIM 距离1= 2D 距离直线 直线3 至 平面 平面4 平行 至   X 轴,无半径   单位=毫米
图示=关   文本=关   倍率=10.00   输出=两者
AX     NOMINAL       +TOL        -TOL       MEAS         DEV        OUTTOL
M      116.0000      0.0102      0.0102     116.0000     0.0000     0.0000 ----#
                                 END OF MEASUREMENT FOR
```

C.
```
圆4           =特征/圆，直角坐标,外,最小二乘方,否
              理论值/<1.0236,2.2047,-0.2376>,<0,0,1>,1.2992
              实际值/<1.0236,2.2047,-0.2376>,<0,0,1>,1.2992
              构造/圆,最佳拟合,2D,圆1,圆2,圆3,,
              局外层_移除/关,3
              过滤器/关,UPR=0
```

D.
```
A2            =坐标系/开始,回调:A1,列表=是
                  建坐标系/旋转,X正,至,直线1,关于,Z正
                  建坐标系/平移,Z 轴,平面1
                  建坐标系/平移,Y轴,直线1
                  建坐标系/平移,X轴,点1
              坐标系/终止
```

6. 下列选项中，可构造出交线的是________。
A. 面面相交　　B. 线线相交
C. 面线相交　　D. 面柱相交

7. 下列选项中，可构造出交点的是________。

A. 面面相交　　　　B. 线线相交

C. 面线相交　　　　D. 面柱相交

8. 下列选项中，构造方法选择“中分”而得的是________。

A. 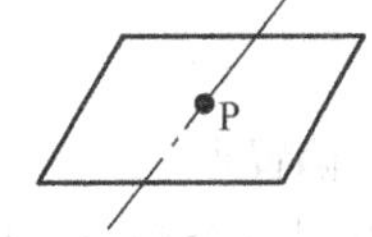


B. 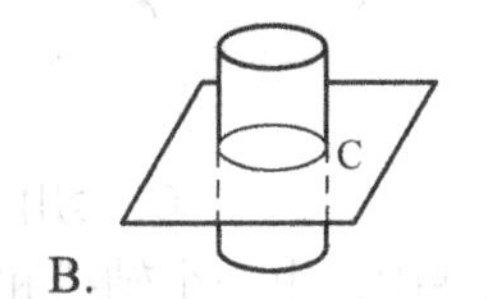


C. 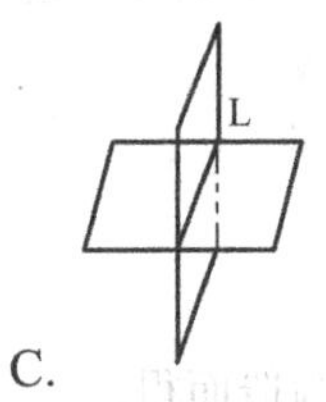


D. L1 L L2

9. 下列选项中，构造方法选择“最佳拟合重新补偿”而得的是________。

A. 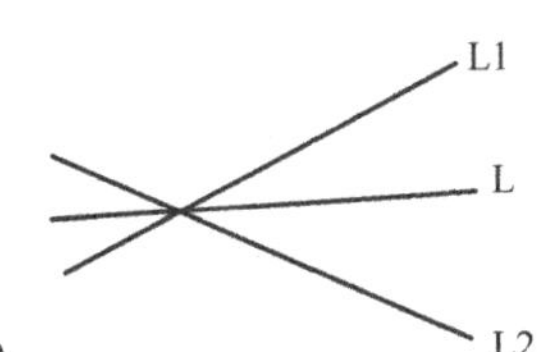


B. 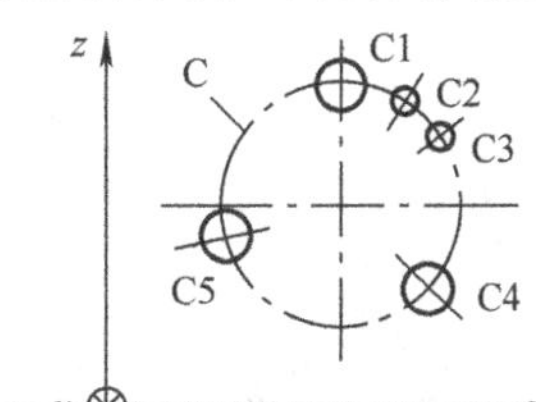


C. 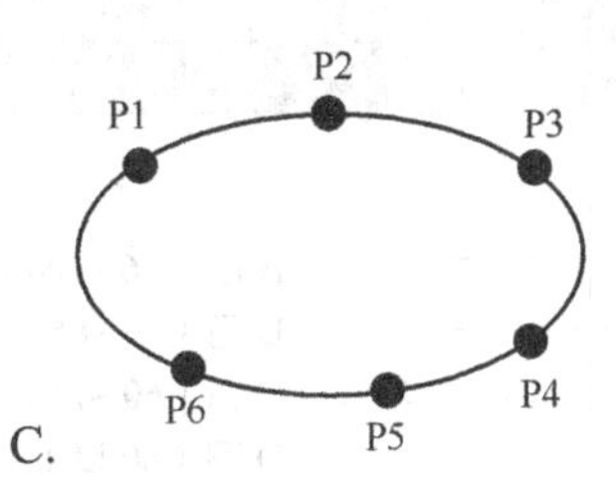


D. 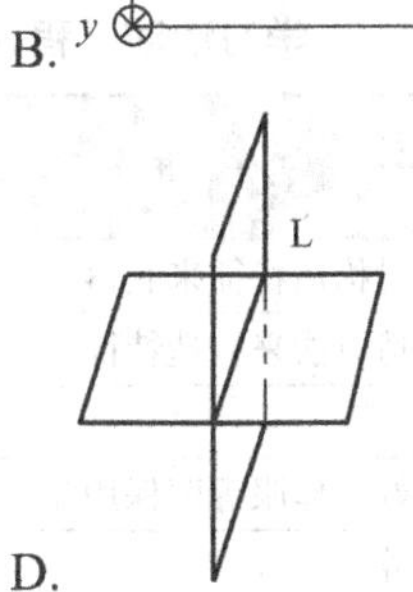


10. 下列选项中，构造方法选择“最佳拟合”而得的是________。

A. 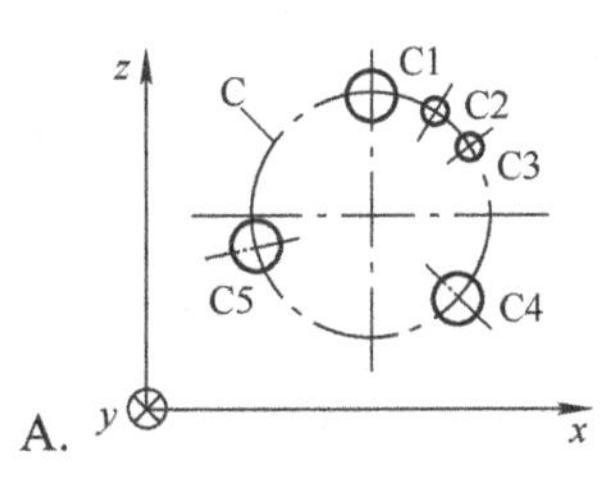


B. 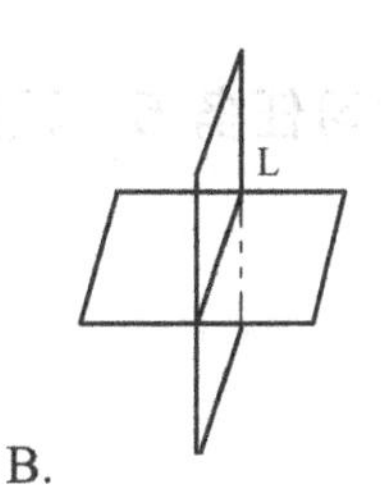


C. 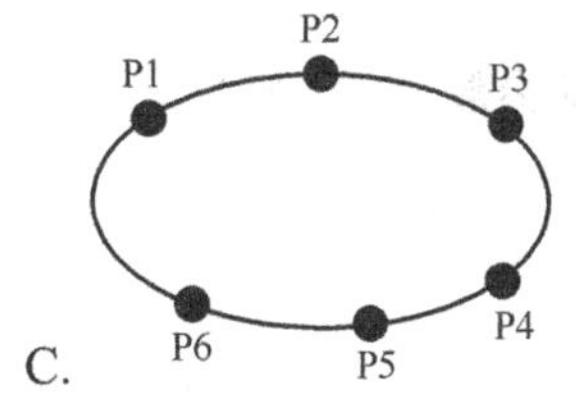


D. 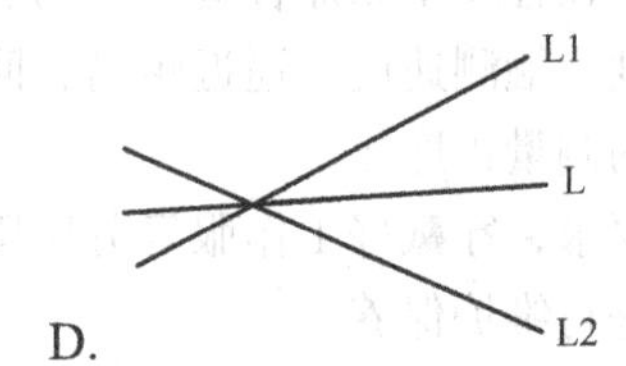

11. 观察下图，构造出点 P 所采用的构造方法是________。

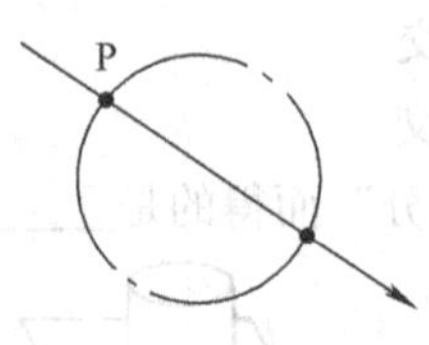


A. 相交　　B. 刺穿　　C. 套用　　D. 偏置点

12. 三坐标测量系统 PC-DMIS 软件中，由一个轴线和一个平面想要得到一个交点，应采用________构造方法。

A. 套用　　B. 相交　　C. 最佳拟合　　D. 刺穿

13. 三坐标测量系统中，构造隅角点需要的特征数为________个。

A. 1　　B. 2　　C. 3　　D. 4

14. 主教材图 1-28 中的⑧号尺寸 $\phi$33mm，需要利用构造圆中的________构造而得。

A. 最佳拟合重新补偿　　B. 最佳拟合　　C. 套用　　D. 相交

**学习活动过程评价表**

| 班级 | | 姓名 | | 学号 | | 日期 | 年　月　日 |
|---|---|---|---|---|---|---|---|
| 序号 | 评价要点 | | | | 配分 | 得分 | 总评 |
| 1 | 能判断出哪些尺寸评价需要通过构造特征来获得 | | | | 30 | | A □（86~100）<br>B □（76~85）<br>C □（60~75）<br>D □（60 以下） |
| 2 | 能根据尺寸要求选择正确的构造方法来构造特征 | | | | 20 | | |
| 3 | 能正确构造出所需要的特征 | | | | 30 | | |
| 4 | 能按照工作环境的要求，穿戴好工作服等劳保用品 | | | | 10 | | |
| 5 | 能对精密测量仪器进行维护保养 | | | | 10 | | |
| 小结建议 | | | | | | | |

## 学习任务 5　程序的运行

1. 能根据图样的要求，在程序中添加合适的移动点。
2. 能正确设置移动速度、触测速度、逼近距离、回退距离等运动参数。
3. 能正确运行所编写的测量程序。
4. 能按照工作环境的要求，穿戴好工作服等劳保用品。
5. 能对精密测量仪器进行维护保养。

**引导问题1：如何在程序中添加合适的移动点？**

1. 插入移动点可以用快捷键 <Ctrl+M>，还可以通过菜单栏________________来添加。

2.（判断题）添加安全平面也属于添加移动点。（　　）

**引导问题2：如何正确设置常用的各项运动参数？**

1. 打开“参数设置”对话框的快捷键是________________。

A. F3　　B. F4　　C. F9　　D. F10

2.（判断题）用直径为 4mm 的球测针测量一个直径为 6mm 的圆孔，可将逼近距离设置为 2mm，回退距离设置为 2mm。（　　）

3.（判断题）触测速度是指测头刚处于软件设定的逼近距离位置时执行的运动速度。（　　）

4. 请根据自己的理解分别说说移动速度、触测速度、逼近距离、回退距离的定义是什么。

________________________________________________

________________________________________________

________________________________________________

________________________________________________

**引导问题3：如何正确运行所编写的测量程序？**

1. 需要对程序进行标记时，取消标记的快捷键是________。

A. F1　　B. F2　　C. F3　　D. F4

2.（多选题）打开路径线的方法有________。

A. Atl+P　　B. Atl+W　　C. Ctrl+P　　D.“视图”→“路径线”

3. 碰撞检测时，如果没有显示路径线可能有哪些原因？

________________________________________________

________________________________________________

________________________________________________

4. 碰撞检测的目的是________。

A. 提高效率　　B. 提高精度　　C. 保护测针和机器　　D. 保护操作者

5.（判断题）在软件算法中，只有圆才是可以简化成点的元素，而球是不能简化成点的元素。（　　）

6. 执行全部程序的快捷键是________。

A. Ctrl+U　　B. Ctrl+Q　　C. Alt+W　　D. Alt+Q

7. 从光标处执行程序的快捷键是________。

A. Ctrl+U　　B. Ctrl+Q　　C. Alt+W　　D. Alt+Q

8. 生成路径线的方法，单击［　　　］→［　　　］命令，即可显示在自动模式下测量特征的路径线。

9. 单击［　　　］→［　　　］→［　　　］命令，即可按照生成的路径进行碰撞检测。

10. 在方框里填写图标的含义，如图 1-2-7 所示。

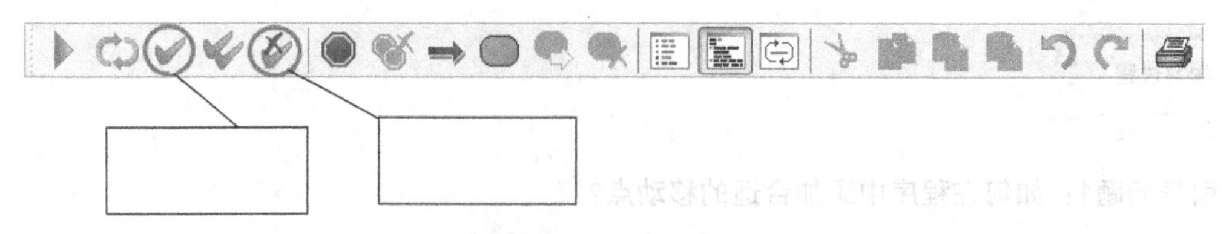

图 1-2-7　编辑窗口

11. 想要得到碰撞检测的路径线，具体操作方法是________________________________。
12. 想要查看到具体的碰撞情况，操作路径是____________________________。
13. 碰撞检测之前，需要先进行________________操作。
14. 出现下图的碰撞情况时，可以通过________________的方法来避免。

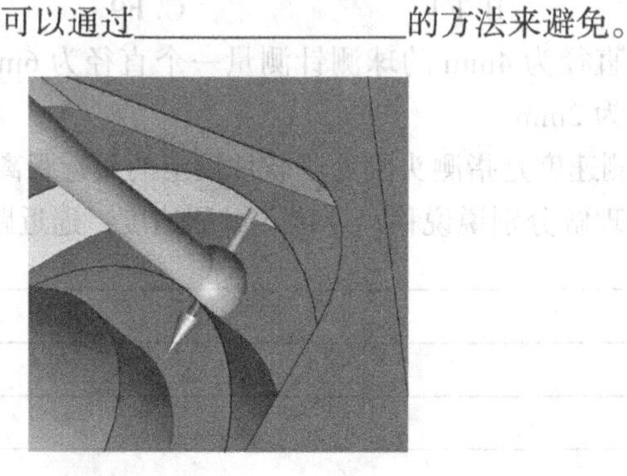

15. 出现下图的碰撞情况时，可以通过________________的方法来避免。

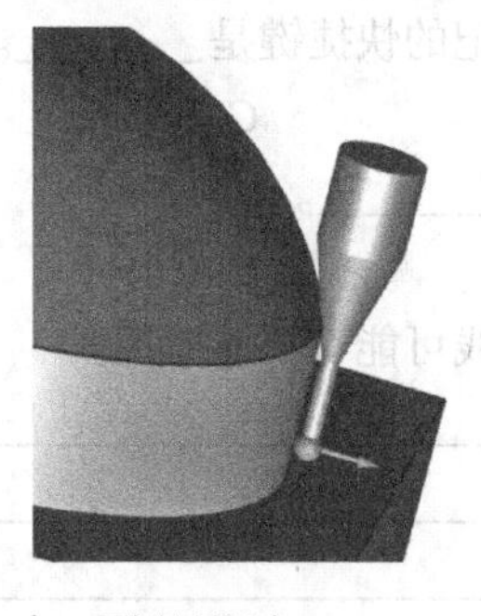

16. 出现下图 L 线的碰撞情况时，可以通过________________的方法来避免。

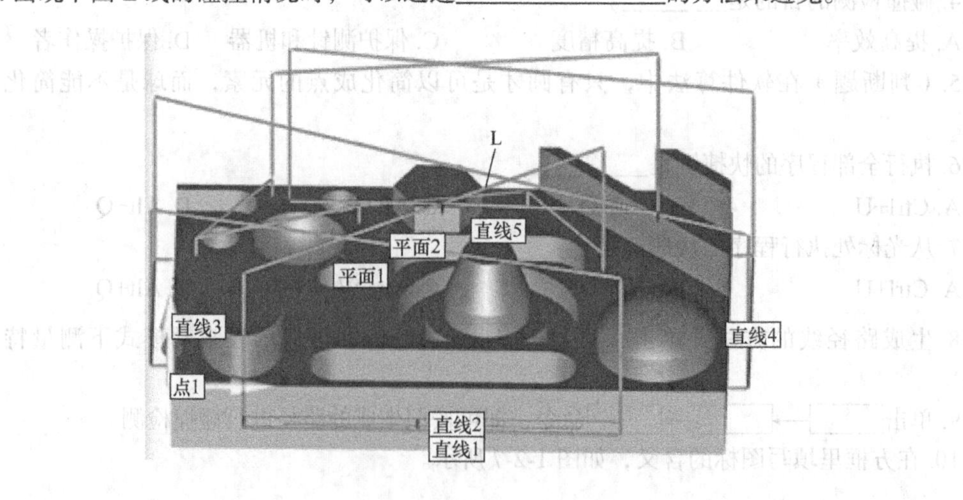

17. 请简述在碰撞检测中常出现的碰撞原因及解决办法。

______________________________________________

______________________________________________

______________________________________________

______________________________________________

**学习活动过程评价表**

| 班级 | 姓名　　　　学号 | | 日期 | 年　月　日 |
|---|---|---|---|---|
| 序号 | 评价要点 | 配分 | 得分 | 总评 |
| 1 | 能根据图样的要求，在程序中添加合适的移动点 | 20 | | |
| 2 | 能正确设置移动速度、触测速度、逼近距离、回退距离等运动参数 | 30 | | A □（86～100）<br>B □（76～85）<br>C □（60～75）<br>D □（60 以下） |
| 3 | 能正确运行所编写的测量程序 | 30 | | |
| 4 | 能按照工作环境的要求，穿戴好工作服等劳保用品 | 10 | | |
| 5 | 能对精密测量仪器进行维护保养 | 10 | | |
| 小结建议 | | | | |

## 学习任务 6　公差评价及报告评价输出

1. 能根据图样的要求，正确进行尺寸的评价。
2. 能输出文本格式的检测报告。
3. 能把输出的报告按要求进行保存与打印。
4. 能按照工作环境的要求，穿戴好工作服等劳保用品。
5. 能对精密测量仪器进行维护保养。

**引导问题1：如何正确评价尺寸？**

1. 如图 1-2-8 所示，图标 表示________命令。

A. 特征位置　　　B. 距离　　　C. 角度　　　D. 位置度

图 1-2-8　尺寸评价工具栏

2. 如图 1-2-8 所示，图标⊢⊣表示________命令。

A. 特征位置　　B. 距离　　C. 角度　　D. 位置度

3. 如图 1-2-8 所示，图标∠表示________命令。

A. 特征位置　　B. 距离　　C. 角度　　D. 位置度

4. 评价主教材图 1-28 中的①号尺寸时，应该选择尺寸评价中的________评价方法。

A. 距离　　B. 角度　　C. 特征位置

5. 评价主教材图 1-28 中的①号尺寸时，如果在距离评价中关系选择“按 X 轴”，那么方向应选择________。

A. 平行于　　B. 垂直于　　C. 不选择

6. 评价主教材图 1-28 中的②号尺寸时，如果在距离评价中关系选择“按 X 轴”，那么方向应选择________。

A. 平行于　　B. 垂直于　　C. 不选择

7. 评价主教材图 1-28 中的③号尺寸时，在距离评价中圆选项应勾选________。

A. 无半径　　B. 加半径　　C. 减半径

8. 评价主教材图 1-28 中的④号尺寸时，在特征位置评价中坐标轴应勾选________。

A. 自动　　B. 直径　　C. 半径

9. 评价主教材图 1-28 中的⑥号尺寸时，应该选择尺寸评价中的________评价方法。

A. 距离　　B. 角度　　C. 特征位置

10. 根据图样的技术要求，主教材图 1-28 中⑦号尺寸的极限偏差数值为________。

A. ± 0.5　　B. ± 0.3　　C. ± 0.2　　D. 0

11. 评价主教材图 1-28 中的⑨号尺寸时，选择________工作平面是错误的。

A. X　　B. Y　　C. Z

12. 评价主教材图 1-28 中的⑩号尺寸时，在特征位置评价中坐标轴应勾选________。

A. 自动　　B. 直径　　C. 半径

13. 评价主教材图 1-28 中的⑫号尺寸时，在特征位置评价中坐标轴应勾选________。

A. 自动　　B. 直径　　C. 长度　　D. 高度

14. 评价主教材图 1-28 中的⑫号尺寸时，在特征位置评价中公差应输入________。

A. 上公差 +0.2，下公差 −0.2　　B. 上公差 +0.1，下公差 −0.1

C. 上公差 +0.2，下公差 0　　D. 上公差 +0.1，下公差 0

15. 评价主教材图 1-28 中的⑬号尺寸时，在特征位置评价中坐标轴应勾选________。

A. 自动　　B. 直径　　C. 长度　　D. 高度

16. 评价主教材图 1-28 中的⑬号尺寸时，在特征位置评价中公差应输入________。

A. 上公差 +0.2，下公差 −0.2　　B. 上公差 +0.3，下公差 −0.3

C. 上公差 +0.1，下公差 −0.1　　D. 上公差 0，下公差 0

17. 评价主教材图 1-28 中的⑮号尺寸时，应选择尺寸评价中的________评价方法。

A. 角度　　B. 距离　　C. 特征位置

18. 根据图样的技术要求，主教材图 1-28 中⑱号尺寸的极限偏差数值为________。

A. ± 0.5　　B. ± 0.3　　C. ± 0.2　　D. 0

19. 评价主教材图 1-28 中的⑳号尺寸时，如果在距离评价中关系选择“按 Z 轴”，那么方向应选择________。

A. 平行于　　　　　　B. 垂直于　　　　　　C. 不选择

20. 评价圆的尺寸，如果是圆的测量，则不论零件如何摆放，最合理的工作面应该位于或平行于________。

A. 机器坐标系　　　　B. *YZ* 面　　　　　C. 圆所在的面　　　　D. *XZ* 面

21. 尺寸评价中，________评价方式不需要考虑有 2 维（2D）和 3 维（3D）类型。

A. 　　　　B. 　　　　C. 

**引导问题2：如何输出文本格式的检测报告?**

1. 下列不是公称尺寸输出的是________。

A. 位置输出　　　　B. 基本输出　　　　C. 角度输出　　　　D. 距离输出

2. 根据图 1-2-9 所示尺寸报告工具栏，写出报告输出的版式有哪些。

图 1-2-9　尺寸报告工具栏

**引导问题3：如何将报告按要求进行保存与打印?**

1. 根据客户要求，尺寸报告输出要有标称值、公差、测定值、偏差和超差，可以通过________设置。

A. “编辑” → “参数设置” → “设置”

B. “编辑” → “参数设置” → “参数”

C. “插入” → “参数设置”

2.（判断题）创建图形输出报告一定要有 CAD 模型。　　　　（　　）

3. 单击“文件” → “打印” → “报告窗口打印设置”菜单命令，弹出“输出配置”对话框，如图 1-2-10 所示。

图 1-2-10　“输出配置”对话框

请用自己的语言简述报告输出四种方式的含义：

附加（Append）:________________________________

提示（Prompt）:________________________________

替换（Overwrite）:________________________________

自动（Auto）:________________________________

4. 测量流程中有很多环节需要合理安排，下列选项中部分测量环节安排合理的是________。

A. 分析图样明确检测任务、校验测头、建立坐标系、打印尺寸、测量结果

B. 手动建立坐标系、自动建立坐标系、导入 CAD 模型确认测量要求、校验测头

C. 建立坐标系、导入 CAD 模型确认测量要求、测量尺寸要求的元素、校验测头

D. 校验测头、建立坐标系、分析图样明确检测任务、测量尺寸要求的元素

**学习活动过程评价表**

| 班级 | | 姓名 | | 学号 | | 日期 | 年　月　日 |
|---|---|---|---|---|---|---|---|
| 序号 | 评价要点 | | | | 配分 | 得分 | 总评 |
| 1 | 能根据图样的要求，正确进行尺寸的评价 | | | | 30 | | A□（86~100）<br>B□（76~85）<br>C□（60~75）<br>D□（60 以下） |
| 2 | 能输出文本格式的检测报告 | | | | 20 | | |
| 3 | 能把输出的报告按要求进行保存与打印 | | | | 30 | | |
| 4 | 能按照工作环境的要求，穿戴好工作服等劳保用品 | | | | 10 | | |
| 5 | 能对精密测量仪器进行维护保养 | | | | 10 | | |
| 小结建议 | | | | | | | |

# 模块二

# 三坐标测量机的自动测量 

## 项目一　一面两圆基准零件的自动测量

【项目描述】

学校数控系产学研组接到一批企业产品订单，数量为 500 件，产品已经加工完成。现企业要求送货，并提供三坐标检测的产品出货报告。

【项目图样】

本项目图样如主教材图 2-1 所示。

【项目任务】

任务 1　零件坐标系的建立

任务 2　程序的编写（自动测量）

任务 3　公差评价及报告评价输出

【项目分析】

通过小组讨论的形式，分析图样，明确所要测量的尺寸，根据测量室现有的测量条件，填写检测方案表 2-1-1，并按照主教材表 2-1 所列的尺寸顺序，出具一份完整的检测报告。

**表 2-1-1　一面两圆基准零件的检测方案**

| 产品名称 | | | 产品图号 | | |
|---|---|---|---|---|---|
| 主要检测设备 | | 型号 | | 工作行程 | |
| 测头系统配置 | | | | | |
| 测座 | | | | | |
| 转接（可省略） | | | | | |
| 传感器 | | | | | |
| 加长杆（可省略） | | | | | |
| 测针 | | | | | |
| 零件装夹方法 | | | | | |
| 夹具名称 | | | | | |
| 零件摆放方向 | | | | | |

（续）

| 产品名称 | | | 产品图号 | | |
|---|---|---|---|---|---|
| 主要检测设备 | | 型号 | | 工作行程 | |

| 测头角度的选择 | | |
|---|---|---|
| 角度 | 对应检测的尺寸编号 | 安全平面 |
| | | |
| | | |
| | | |
| | | |
| | | |
| | | |

| 零件坐标系的建立 | | |
|---|---|---|
| 粗建坐标系 | X 轴方向 | |
| | X 轴原点 | |
| | Y 轴方向 | |
| | Y 轴原点 | |
| | Z 轴方向 | |
| | Z 轴原点 | |
| 精建坐标系 | X 轴方向 | |
| | X 轴原点 | |
| | Y 轴方向 | |
| | Y 轴原点 | |
| | Z 轴方向 | |
| | Z 轴原点 | |
| 运动参数设置 | 逼近距离 | |
| | 回退距离 | |
| | 移动速度 | |
| | 触测速度 | |

**【方案展示与评价】**

把各个小组制订好的检测方案表格进行展示，并由小组推荐代表做必要的介绍。在展示的过程中，以组为单位进行评价；其他组对展示小组的成果进行相应的评价，展示小组同时也要接受其他组的提问，并做出回答，提问题的小组要事先为所提问题提供一个参考答案。小组展示可以采用 PPT、图片、海报、录像等形式，时间控制在 10min 以内，教师对展示的作品分别做评价，并填写表 2-1-2 所示的评价表。方案通过的小组进入检测操作环节。

表 2-1-2　评价表

| 班级 | | 姓名 | | 日期 | 年　月　日 |
|---|---|---|---|---|---|
| 序号 | 评价要点 | | 配分 | 得分 | 总评 |
| 1 | 出勤、纪律、态度 | | 20 | | A □（86~100）<br>B □（76~85）<br>C □（60~75）<br>D □（60 以下） |
| 2 | 讨论、互动、协作精神 | | 30 | | |
| 3 | 表达、会话 | | 20 | | |
| 4 | 学习能力、收集和处理信息能力、创新精神 | | 30 | | |
| 小结建议 | | | | | |

## 学习任务 1　零件坐标系的建立

1. 能使用“面 - 线 - 点”粗建零件坐标系。
2. 能根据图样的要求，使用“面 - 圆 - 圆”精建零件坐标系。
3. 能正确讲述六点定位原理在 3-2-1 法建立零件坐标系的应用。
4. 能按照工作环境的要求，穿戴好工作服等劳保用品。
5. 能对精密测量仪器进行维护保养。

**引导问题1：通过分析图样，确定零件坐标系的建立方案。**

1. 分析图 2-1-1，图中的三个基准 *A*、*B*、*C* 分别是什么？ *A* 基准:________;*B* 基准:________;*C* 基准:________。

2. 通过分析图 2-1-1，该零件坐标系的原点应该建立在________；找正的面是________；旋转的轴线是________。

**引导问题2：六点定位原理在3-2-1法建立零件坐标系时是如何运用的呢？**

1. 一个物体在空间中有________个自由度，分别是________________________。

2. 观察图 2-1-1，回答以下问题：

1）如图 2-1-2 所示的操作步骤，确定了____________的方向，限制了________、________、________三个自由度。

2）如图 2-1-3 所示的操作步骤，确定了________的方向，限制了________自由度。

3）如图 2-1-4 所示的操作步骤，确定了________的原点，限制了________自由度。

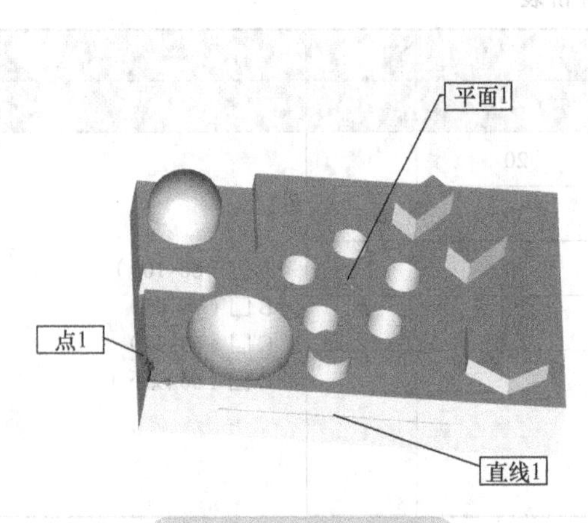


图 2-1-1　零件立体图

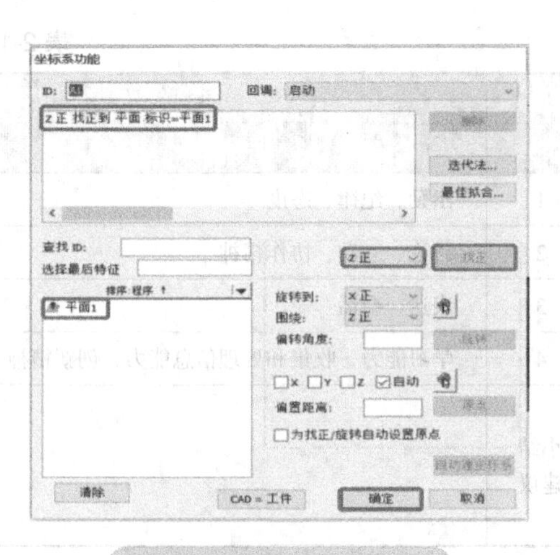


图 2-1-2　操作步骤（一）

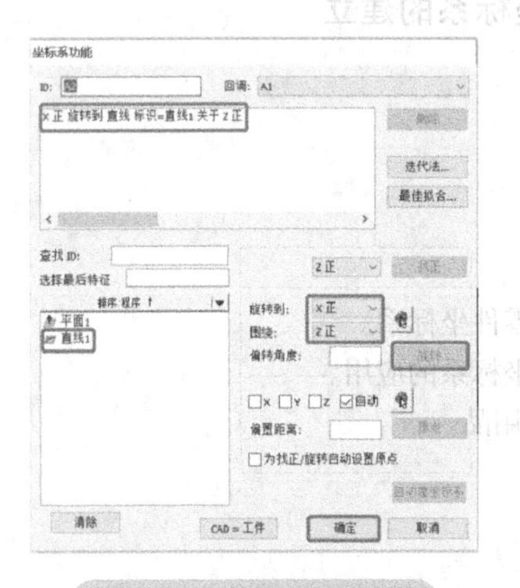


图 2-1-3　操作步骤（二）

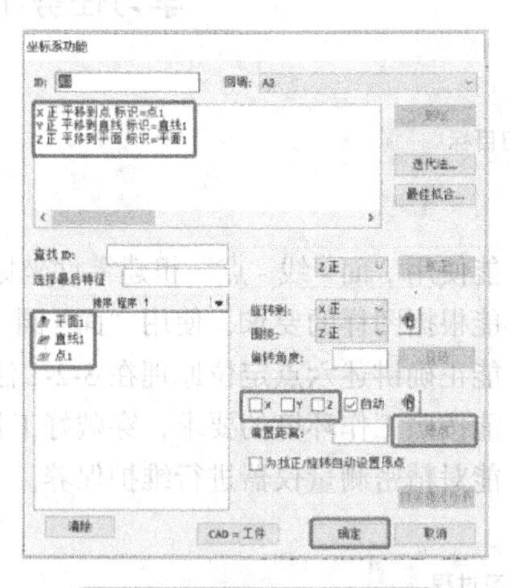


图 2-1-4　操作步骤（三）

3. 观察图 2-1-5，回答以下问题：

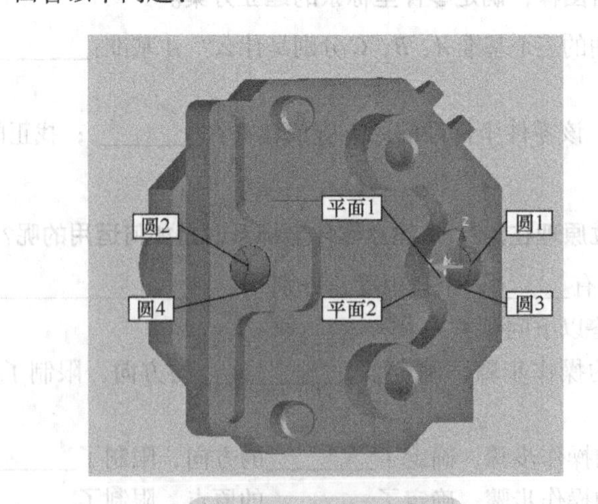


图 2-1-5　零件立体图

1）如下面的编程语句，采用平面 1，用平面 1 的矢量方向，确定第一轴线方向，限制了________、________、________三个自由度。

```
平面1          =特征/平面，直角坐标，三角形
             理论值/<-30, 8.534, 1.9953>, <-1, 0, 0>
             实际值/<-30, 8.534, 1.9953>, <-1, 0, 0>
             测定/平面, 3
               触测/基本, 常规, <-30, 43.8492, 22.038>, <-1, 0, 0>, <-30, 43.8492, 22.03
               触测/基本, 常规, <-30, 19.4745, -14.4062>, <-1, 0, 0>, <-30, 19.4745, -14
               触测/基本, 常规, <-30, -37.7219, -1.6458>, <-1, 0, 0>, <-30, -37.7219, -1
             终止测量/
A1          =坐标系/开始, 回调:启动, 列表=是
               建坐标系/找平, X负, 平面1
```

2）如下面的编程语句，选中圆 1、圆 2、旋转到 *Y*+，选中圆 1、圆 2 的先后顺序，就决定了 *Y* 轴的正、负方向。通过分析“A2”的语句可知，限制了________旋转自由度及________移动自由度。

```
              工作平面/X正
圆1           =特征/圆，直角坐标，内，最小二乘方
              理论值/<6.0653, -30, 0>, <1, 0, 0>, 12
              实际值/<-23.9347, -30, 0>, <1, 0, 0>, 12
              测定/圆, 3, X 正
                触测/基本, 常规, <5.2585, -24.9835, -3.2917>, <0, -0.8360762, 0.548613
                触测/基本, 常规, <6.9378, -33.2796, 5.0244>, <0, 0.5465937, -0.837398>
                触测/基本, 常规, <5.9996, -34.9863, -3.3371>, <0, 0.8310583, 0.5561853
              终止测量/
圆2           =特征/圆，直角坐标，内，最小二乘方
              理论值/<13.9053, 30, 0>, <1, 0, 0>, 12
              实际值/<-16.0947, 30, 0>, <1, 0, 0>, 12
              测定/圆, 3, X 正
                触测/基本, 常规, <16.066, 29.0485, 5.9241>, <0, 0.1585904, -0.9873445>
                触测/基本, 常规, <10.7867, 24.8604, -3.096>, <0, 0.8565933, 0.5159922>
                触测/基本, 常规, <14.8633, 35.5305, -2.3266>, <0, -0.921756, 0.3877703
              终止测量/
A2           =坐标系/开始, 回调:A1, 列表=是
                建坐标系/旋转圆, Y正, 至, 圆1, AND, 圆2, 关于, X负
                建坐标系/平移, Y轴, 圆1
                建坐标系/平移, Z 轴, 圆1
                建坐标系/平移, X轴, 平面1
              坐标系/终止
```

**引导问题3：常见元件的定位作用是什么呢？**

1. 如下图所示，*A* 基准限制了（　　）自由度。

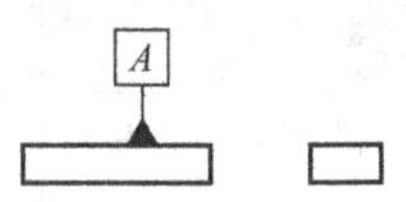


A. 1 个　　B. 2 个　　C. 3 个　　D. 4 个

2. 如下图所示，*A* 基准限制了（　　）自由度。

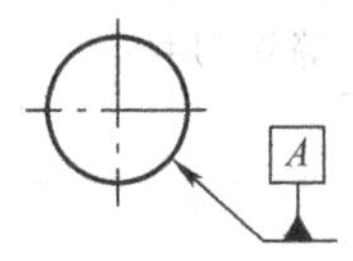


A. 1 个　　B. 2 个　　C. 3 个　　D. 4 个

3. 如下图所示，*A* 基准限制了（　　）自由度。

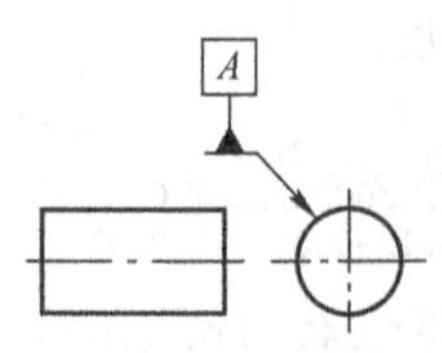


A. 2 个　　B. 3 个　　C. 4 个　　D. 5 个

4.（多选题）下面哪个特征作为基准（处于 RMB 状态），可以约束 5 个及 5 个以上的自由度。（　　）

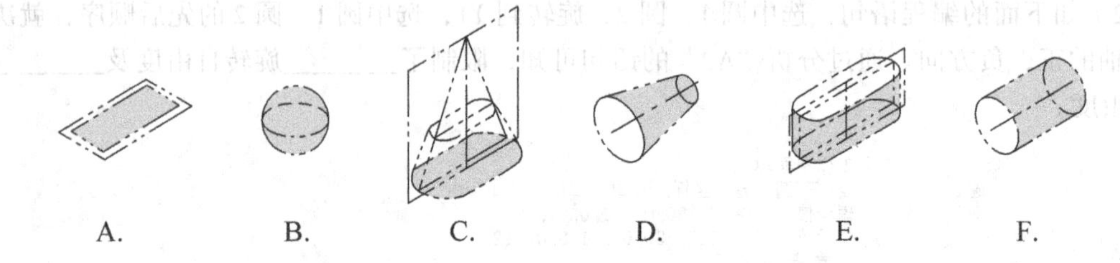


5.（多选题）下面哪个特征作为基准（处于 RMB 状态），最多只能约束 3 个自由度。（　　）

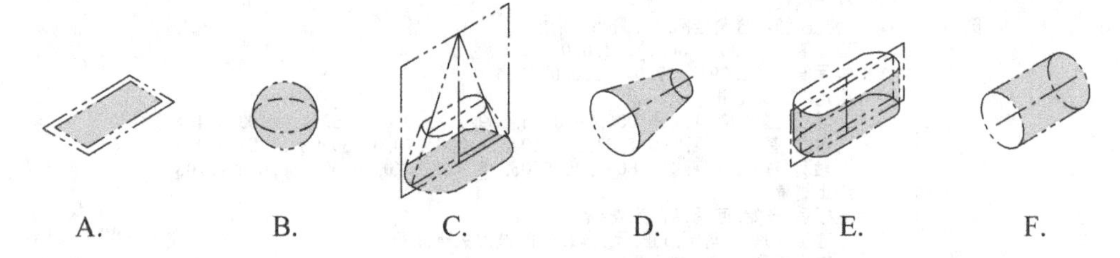

**学习活动过程评价表**

| 班级 | | 姓名 | | 学号 | | 日期 | 年　月　日 |
|---|---|---|---|---|---|---|---|
| 序号 | 评价要点 | | | | 配分 | 得分 | 总评 |
| 1 | 能根据图样的要求，使用“面 - 圆 - 圆”精建零件坐标系 | | | | 25 | | A □（86 ~100）<br>B □（76 ~85）<br>C □（60 ~75）<br>D □（60 以下） |
| 2 | 能正确讲述六点定位原理在 3-2-1 法建立零件坐标系的应用 | | | | 30 | | |
| 3 | 能理解各常见元件的定位作用 | | | | 25 | | |
| 4 | 能按照工作环境的要求，穿戴好工作服等劳保用品 | | | | 10 | | |
| 5 | 能对精密测量仪器进行维护保养 | | | | 10 | | |
| 小结建议 | | | | | | | |

## 学习任务 2　程序的编写（自动测量）

1. 能正确设置“自动特征”对话框的参数（自动测量圆、圆柱）。
2. 能熟练掌握测头转换的步骤。
3. 能正确运用坐标系的平移与旋转。
4. 能正确进行阵列操作。
5. 能按照工作环境的要求，穿戴好工作服等劳保用品。
6. 能对精密测量仪器进行维护保养。

**引导问题1：“自动特征”对话框的参数如何设置（自动测量圆、圆柱）？**

1. 根据该项目图样，在没有数模的情况下找出图 2-1-6 中圆 1、圆 2、圆 3、圆 4 的坐标值，并填写图 2-1-7~ 图 2-1-10 所示“自动特征”对话框中各个参数设置栏。

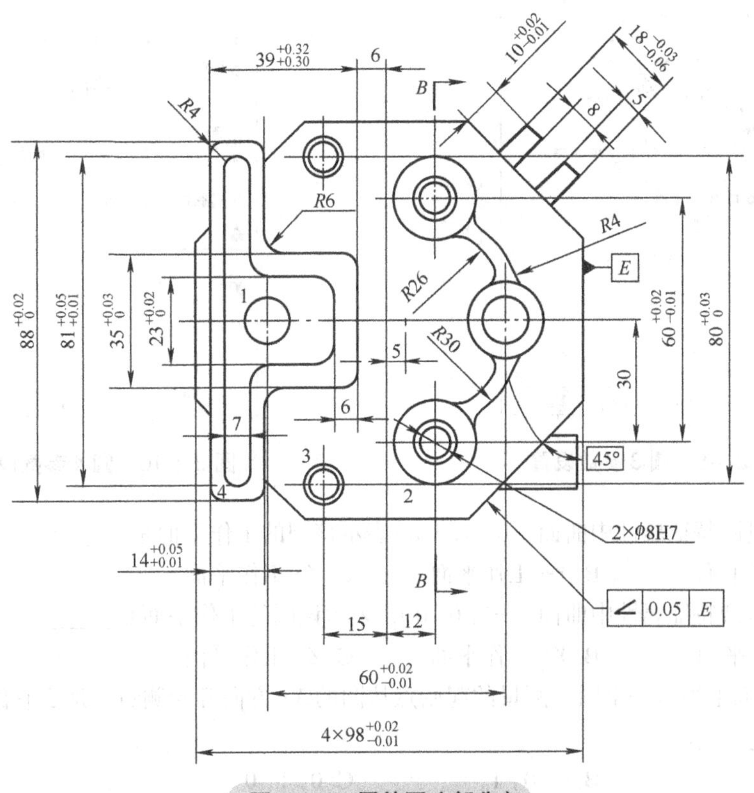


图 2-1-6　零件图（部分）

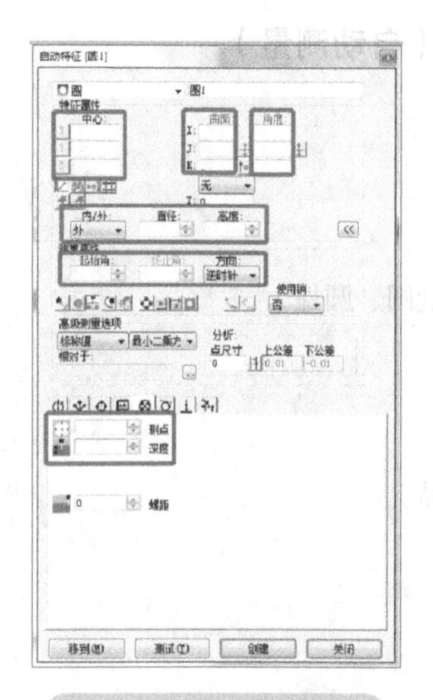

圆 2-1-7　圆 1 参数设置

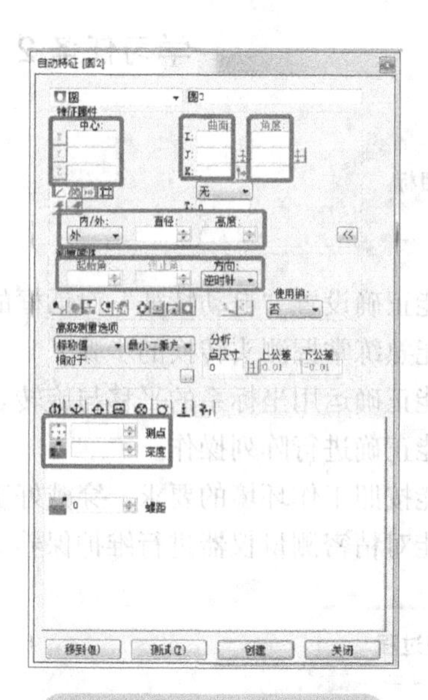

圆 2-1-8　圆 2 参数设置

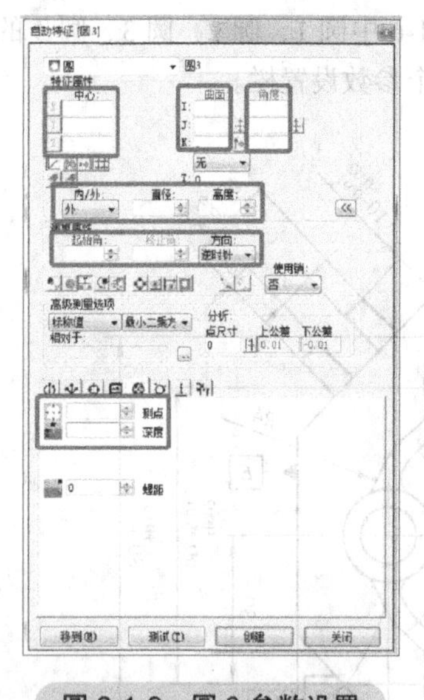

圆 2-1-9　圆 3 参数设置

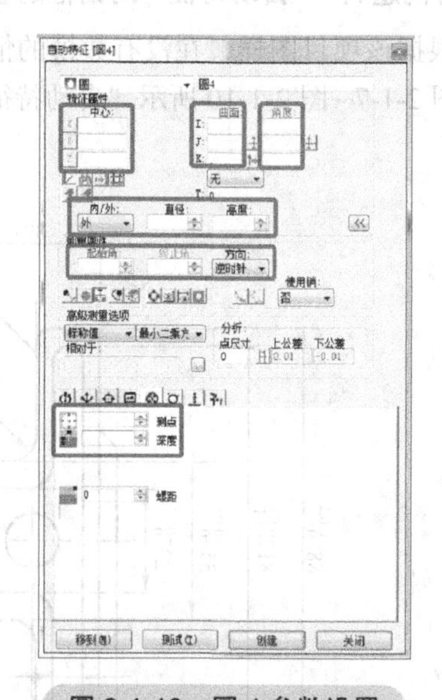

圆 2-1-10　圆 4 参数设置

2. 自动测量圆特征属性中曲面（0，0，1），表示该圆的工作平面是________。

A. $X-$ 工作平面　　　B. $Y+$ 工作平面　　　C. $Z+$ 工作平面

3. 自动测量圆特征属性中曲面（−1，0，0），表示该圆的工作平面是________。

A. $X-$ 工作平面　　　B. $Y+$ 工作平面　　　C. $Z+$ 工作平面

4. 在 $Z+$ 平面上测量一个圆，测量的起始点从圆的 $X+$ 方向开始测量，那么它的角度参数 I、J、K 应设置为________。

A. 1，0，0　　　B. 0，0，1　　　C. 0，1，0

5. 在 $Y+$ 平面上测量一个圆，测量的起始点从圆的 $Z+$ 方向开始测量，那么它的角度参数 I、J、K 应设置为________。

A. 1，0，0　　　　B. 0，0，1　　　　C. 0，1，0

6. 自动测量圆特征属性中，测量主教材图 2-1 中的③号尺寸时内 / 外圆应该选择________。

A. 内　　　　B. 外　　　　C. 不清楚

7. 根据图 2-1-11 回答问题，该圆的圆心坐标值是___________，矢量方向是___________，测量起点方向为________，该圆为________圆，直径为________。

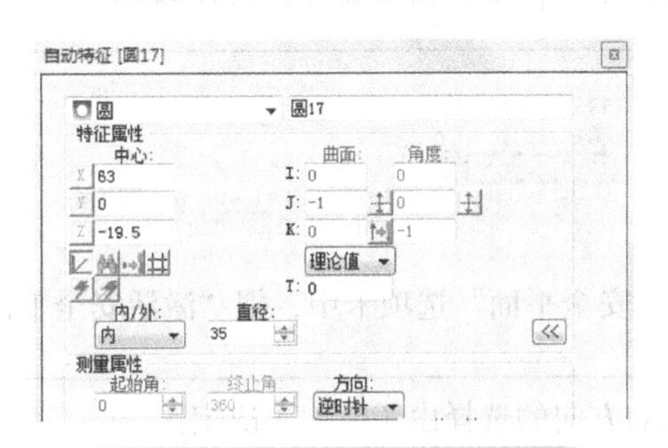


图 2-1-11　自动测量圆参数设置

8. 对比图 2-1-12a、b，打开下列哪个开关可由图 2-1-12a 生成图图 2-1-12b。(　　)

A. [icon]　　　　B. [icon]　　　　C. [icon]

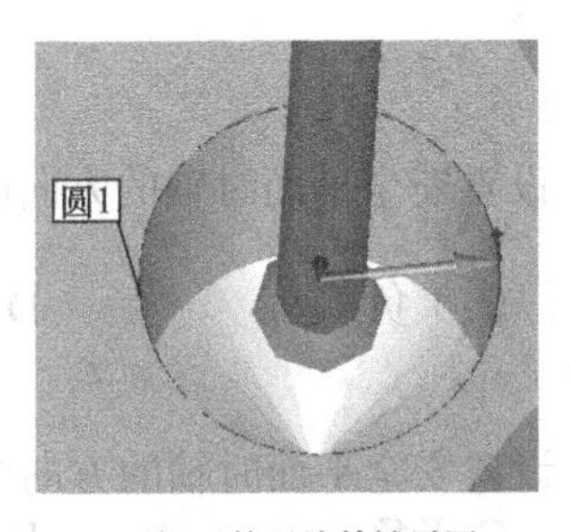


a) 打开某开关前效果图

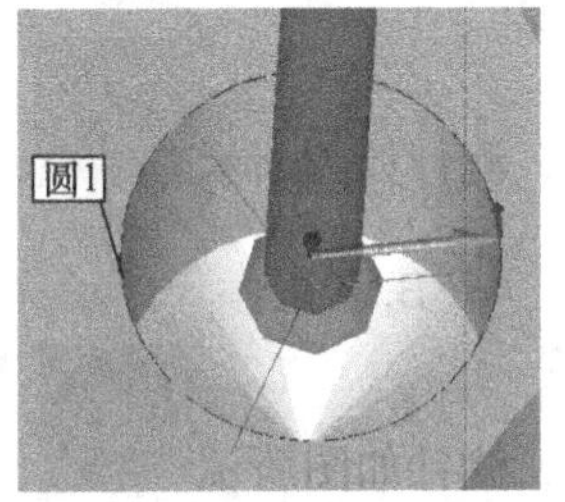


b) 打开某开关后效果图

图 2-1-12　打开某开关前后的对比图

9. 观察图 2-1-13，“[icon]”按钮为何是灰色（即不可使用）？应如何解决？

________________________________________________________________。

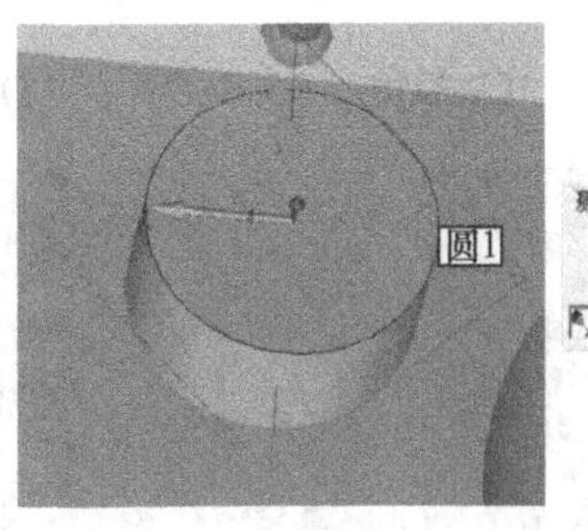

图 2-1-13　测量属性设置

10. 在斜面上测量内孔，在创建圆时，一般需要把________打开。

11. 在一个长度为 10mm 的外圆柱体上创建圆柱元素，测针宝石直径为 4mm，创建圆柱在设置“结束深度”时最小值必须比________大。

**引导问题2：如何转换测头？**

1. 在转换测头之前，一般需要进行________操作，此操作的作用是____________________

______________________________________________________________________

2. 插入移动增量的操作路径是____________________________________________

3. 如下图所示，框中的安全平面是否需要删除？为什么？

______________________________________________________________________

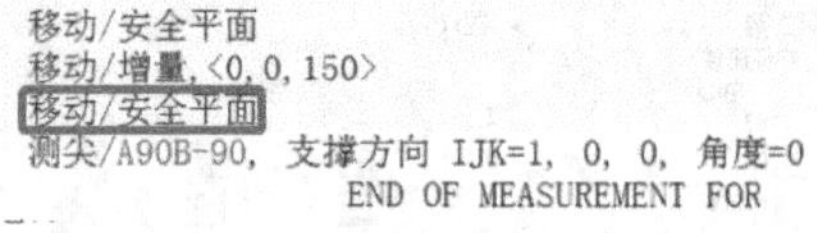

```
移动/安全平面
移动/增量,<0,0,150>
移动/安全平面
测头/A90B-90, 支撑方向 IJK=1, 0, 0, 角度=0
                END OF MEASUREMENT FOR
```

4. “参数设置”对话框“安全平面”选项卡中，把“激活安全平面”打开的作用是________

______________________________________________________________________

5. 设置安全平面时，轴的方向的选择由（　　）决定。

A. 工作平面　　B. 所测量的特征元素是否是二维元素　　C. 测头回退的方向

6. 在机械坐标系下，测针如图所示，设置安全平面时轴的方向的选择是（　　）

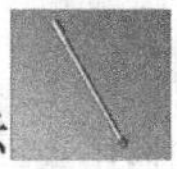

A. $Z$正　　B. $X$正　　C. $Y$负　　D. $X$负

7. 在机械坐标系下，测针如图所示，设置安全平面时轴的方向的选择是（　　）

A. $Z$正　　B. $Y$正　　C. $Y$负　　D. $X$负

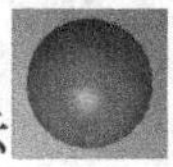

8. 在机械坐标系下，测针如图所示，设置安全平面时轴的方向的选择是（　　）

A. $Z$正　　B. $Y$正　　C. $Y$负　　D. $X$正

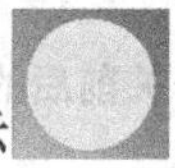

9. 在机械坐标系下，测针如图所示，设置安全平面时轴的方向的选择是（　　）

A. $Z$负　　B. $Y$正　　C. $Y$负　　D. $X$正

10. 根据此项目的图样及零件坐标系的设置，当测针如图 2-1-14a 所示时，设置安全平面时轴的方向及值是（　　）

A. $Y$正，45　　B. $Y$负，−55　　C. $X$负，55　　D. $Y$正，55

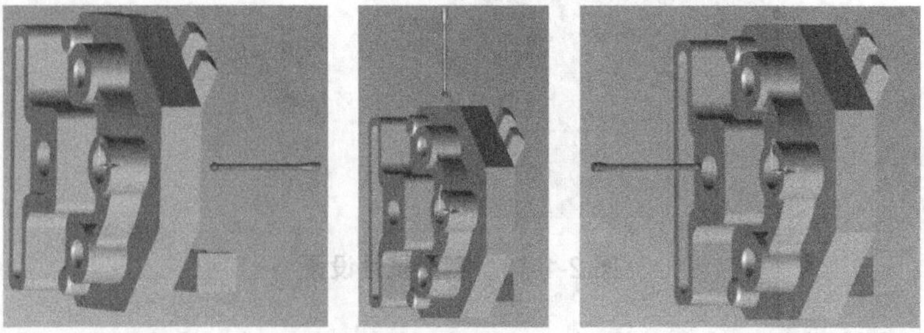

a)　　b)　　c)

图 2-1-14　测针方向

11. 根据此项目的图样及零件坐标系的设置，当测针如图 2-1-14b 所示时，设置安全平面时轴的方向及值是（　　）

A. $Z$ 正，115　　B. $Z$ 正，−115　　C. $Z$ 正，15　　D. $Z$ 负，−115

12. 根据此项目的图样及零件坐标系的设置，当测针如图 2-1-14c 所示时，设置安全平面时轴的方向及值是（　　）

A. $Y$ 负，15　　B. $Y$ 负，−15　　C. $Y$ 正，15　　D. $X$ 负，−15

13. 写出测头从 $Y$+ 方向转换到 $X$− 方向的具体操作步骤。

______________________________

______________________________

______________________________

______________________________

______________________________

**引导问题3：坐标系如何进行平移与旋转？**

1. 如何操作才能把图 2-1-15a 所示数模坐标系转换到图 2-1-15b？（　　）

a) 坐标系转换前

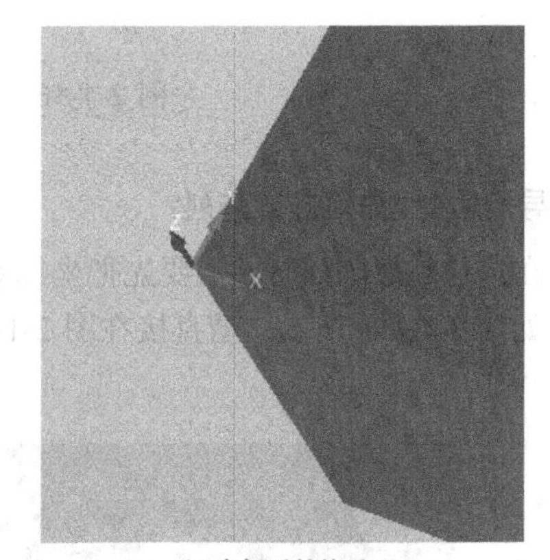

b) 坐标系转换后

图 2-1-15　坐标系的转换

A. $X$+ 方向绕 $Z$+ 偏转 90°　　B. $X$+ 方向绕 $Z$+ 偏转 −90°

C. $Y$+ 方向绕 $Z$+ 偏转 90°　　D. $Y$+ 方向绕 $Z$+ 偏转 −90°

2. 请写出三种打开“坐标系功能”对话框的方式：______________________________

______________________________

3. 对坐标系进行平移的方法有哪两种？______________________________

4. 回调坐标系时可以在设置快捷工具栏上单击（　　）右侧三角按钮进行选择。

A. [3BY40 ▾]　　B. [A1 ▾]

C. [*T1A0B0 ▾]　　D. [Z 正 ▾][工作平面 ▾]

5. 根据此项目的图样，在没有数模的情况下需要把坐标系从圆心 $A$ 平移到圆心 $B$（图 2-1-16a），请直接在图 2-1-16b 中设置相应的参数。

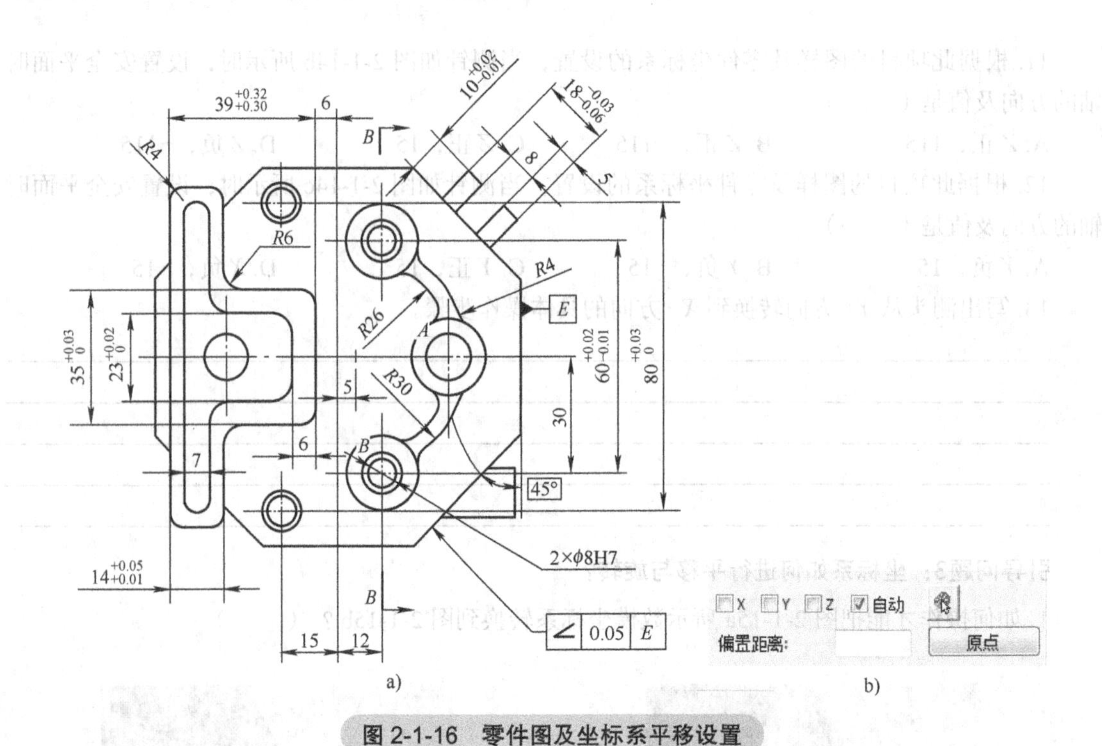


图 2-1-16　零件图及坐标系平移设置

**引导问题4：如何进行阵列？**

1. 在进行环形阵列时，需要先把坐标系进行________________________________________。

2. 如图 2-1-17a 所示，请直接在图 2-1-17b 中填写小圆的阵列参数。

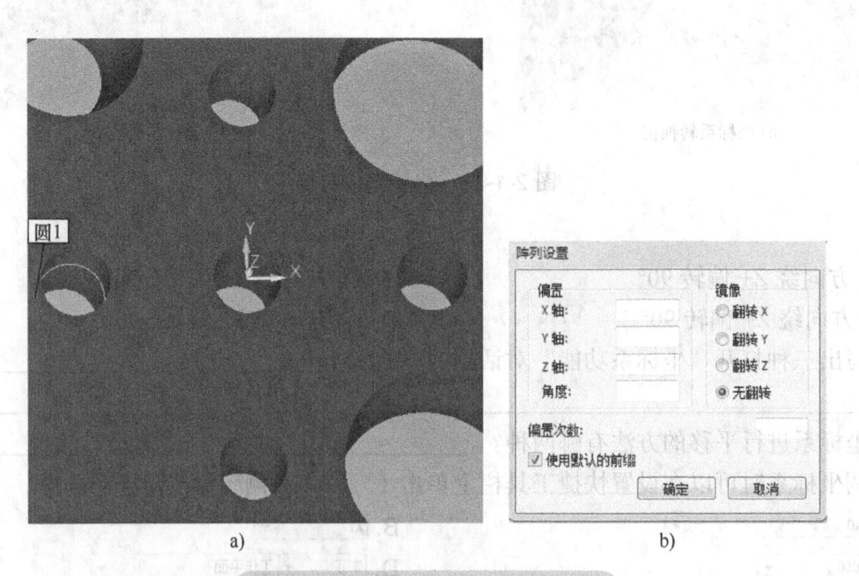


图 2-1-17　阵列及阵列设置（一）

3. 如图 2-1-18a 所示，请直接在图 2-1-18b 中填写小圆的阵列参数。

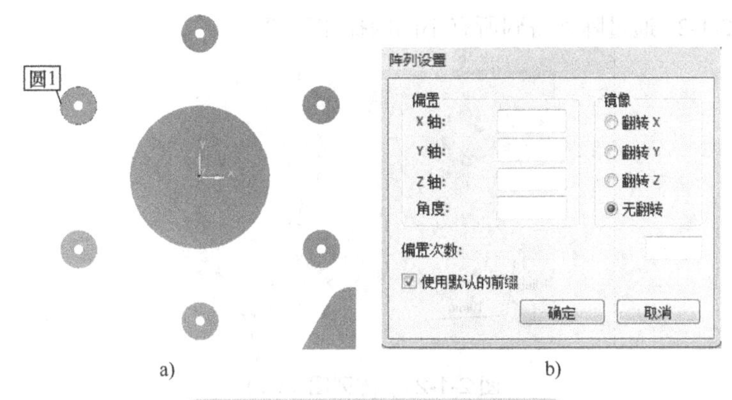


a)　　　　　　　　b)

图 2-1-18　阵列及阵列设置（二）

4. 如图 2-1-19a 所示，请直接在图 2-1-19b 中填写小圆的阵列参数。

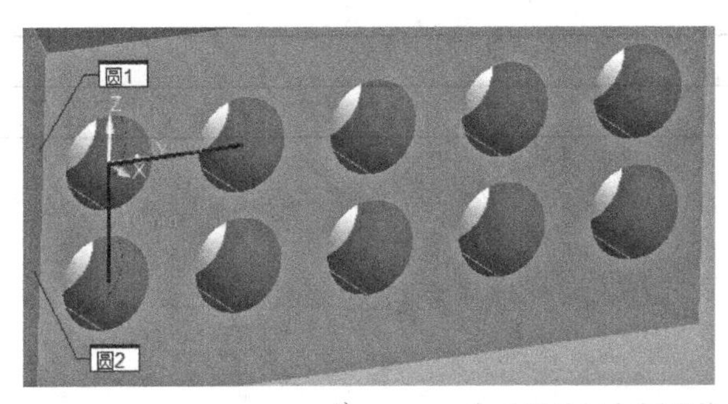


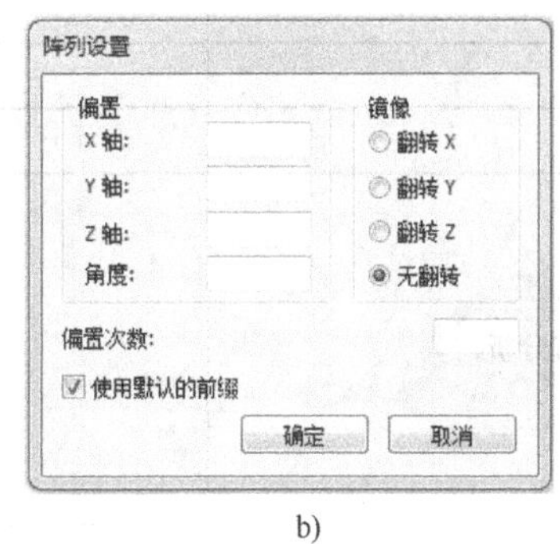


a)　　　　　　　　b)

图 2-1-19　阵列及阵列设置（三）

5. 请写出图 2-1-20 通过阵列得到八个小圆的操作步骤。

图 2-1-20　阵列图（一）

6. 请写出图 2-1-21 通过阵列得到所有小圆的操作步骤。

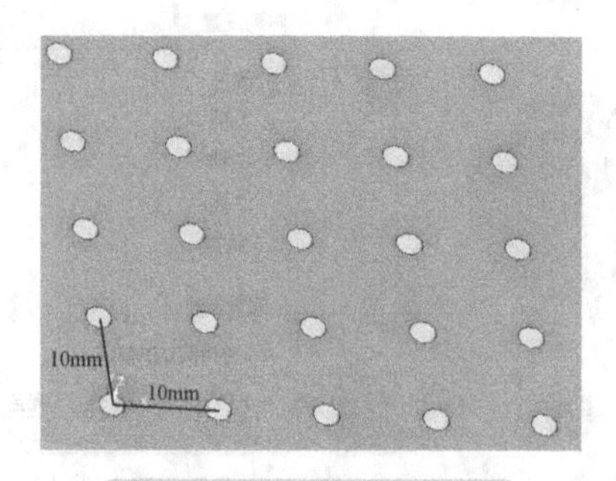


图 2-1-21　阵列图（二）

学习活动过程评价表

| 班级 | | 姓名 | | 学号 | | 日期 | 年　月　日 |
|---|---|---|---|---|---|---|---|
| 序号 | 评价要点 | | | | 配分 | 得分 | 总评 |
| 1 | 能正确设置“自动特征”对话框的参数 | | | | 20 | | A □（86~100）<br>B □（76~85）<br>C □（60~75）<br>D □（60 以下） |
| 2 | 能熟练掌握测头转换的步骤 | | | | 20 | | |
| 3 | 能正确运用坐标系的平移与旋转 | | | | 20 | | |
| 4 | 能正确进行阵列操作 | | | | 20 | | |
| 5 | 能按照工作环境的要求，穿戴好工作服等劳保用品 | | | | 10 | | |
| 6 | 能对精密测量仪器进行维护保养 | | | | 10 | | |
| 小结建议 | | | | | | | |

## 学习任务 3　公差评价及报告评价输出

1. 能正确识读零件图中几何公差标注的含义。
2. 能使用 PC-DMIS 尺寸工具正确评价形状误差。
3. 能使用 PC-DMIS 尺寸工具正确评价方向误差。

4. 能完成测量列表中所有尺寸的评价，并输出图形和文本格式的测量报告。
5. 能按照工作环境的要求，穿戴好工作服等劳保用品。
6. 能对精密测量仪器进行维护保养。

**引导问题1：你能正确识读几何公差标注中包含的所有内容吗？**

1. ________是指被测提取要素对具有确定方向的理想要素的变动量。
2. 公差带形状为________或________时，需在公差值前加公差带符号“$\phi$”。
3. 几何公差带具有形状、________、________和位置四个要素。
4. 基准是建立关联被测要素________和________的依据。
5. 基准体系由三个相互________的基准平面构成，又称为________________。
6. 在下表中填写出正确的几何公差符号及类别。

| 几何公差项目 | 符号 | 几何公差类别 | 几何公差项目 | 符号 | 几何公差类别 |
|---|---|---|---|---|---|
| 同轴度 | | | 圆度 | | |
| 圆柱度 | | | 平行度 | | |
| 位置度 | | | 平面度 | | |
| 面轮廓度 | | | 圆跳动 | | |
| 全跳动 | | | 直线度 | | |

7. 国家标准 GB/T 1182—2018 中规定的几何公差有（　　）个项目。

A.9　　B.14　　C.28　　D.5

8. 几何公差项目符号“⊥”属于（　　）公差，称为（　　）。

A. 方向，垂直度　　B. 形状，直线度

C. 尺寸，偏差　　D. 位置，位置度

9. 如下图所示，公差框格中Ⓟ后跟的数字 16 表示（　　）。

A. 被评价公差要素的最大延伸高度
B. 被评价公差要素的最小延伸高度
C. 被评价公差要素的理论延伸高度
D. 被评价公差要素的名义延伸高度

10. 如图 2-1-22 所示，箭头所指的符号在该标注中表示（　　）。

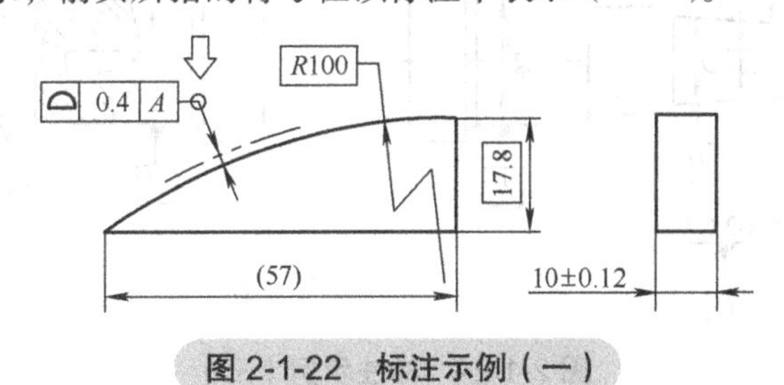


图 2-1-22　标注示例（一）

A. 轮廓度应用于一周闭合的曲线（面）　　B. 轮廓表面为粗加工
C. 重要监控尺寸　　D. 检具检测

11. 基准优先顺序的选择基于（　　）。

A. 零件的测量方法　　B. 零件的检具
C. 零件在三坐标上的检测需要　　D. 零件的设计和功能

12.（判断题）被测要素为导出要素时，指引线箭头应与要素的尺寸线对齐。（　　）

13.（判断题）所有形状公差项目的标注，均不得使用基准。（　　）

14.（判断题）基准要素即为实际要素。（　　）

15. 如图 2-1-23 所示，请你解读图中几何公差标注的含义。

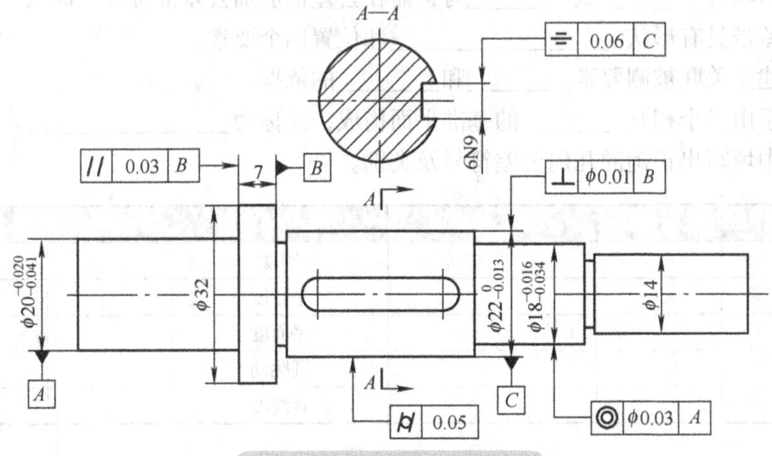


图 2-1-23　标注示例（二）

1）[⌭ 0.05]：

2）[// 0.03 B]：

3）[⊥ φ0.01 B]：

4）[◎ φ0.03 A]：

5）[⌯ 0.06 C]：

16. 如图 2-1-24 所示，请你解读图中几何公差标注的含义。

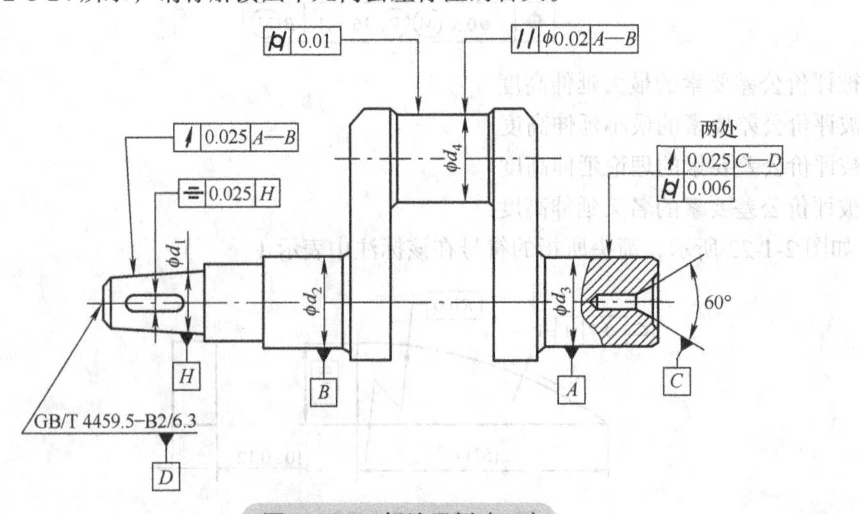


图 2-1-24　标注示例（三）

1）⌭ 0.01：

2）两处
↗ 0.025 C−D
⌭ 0.006：

3）// $\phi$0.02 A−B：

4）↗ 0.025 A−B：

5）⌯ 0.025 H：

**引导问题2：你能使用PC-DMIS软件对形状误差进行评价吗？**

1. 几何公差带是用来限制________要素变动的区域。

2. 如图 2-1-25 所示，该零件图中的几何公差标注的含义为________________________________________________________________。

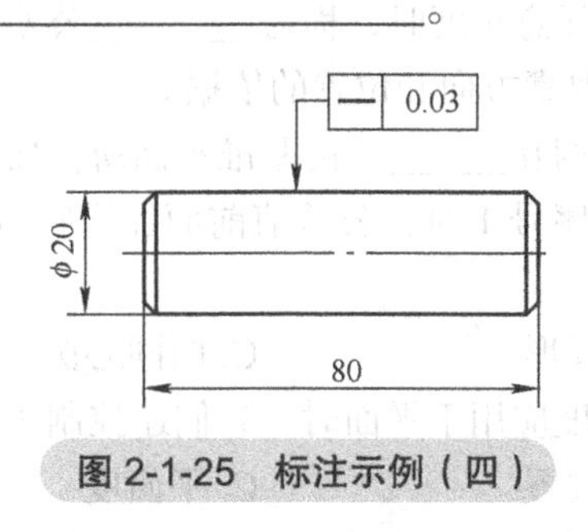


**图 2-1-25　标注示例（四）**

3. 直线度评价在 PC-DMIS 软件中的打开步骤为________________________________________________________________。

4. 关于任意方向的直线度公差要求，下列说法错误的是（　　）。

A. 其公差带是圆柱面内的区域

B. 此项公差要求常用于回转类零件的轴线

C. 任意方向实质上是没有方向要求

D. 标注时公差数值前应加注符号“$\phi$”

5. 平面度公差带是（　　）之间的区域。

A. 两平行直线　　B. 圆柱面　　C. 两平行平面　　D. 两同轴圆柱面

6. 圆度公差和圆柱度公差之间的关系是（　　）。

A. 两者均控制圆柱体类零件的轮廓形状，因而两者可以替代使用

B. 两者公差带形状不同，因而两者相互独立，没有关系

C. 圆度公差可以控制圆柱度误差

D. 圆柱度公差可以控制圆度误差

7.（　　）公差带是半径差为公差值 $t$ 的两圆柱面内的区域。

A. 直线度　　B. 平面度　　C. 圆度　　D. 圆柱度

8. 关于使用最小区域法评价圆度，下列说法正确的是（　　）。

A. 用两个圆去包容实际轮廓，并使两个圆的半径差为最小，两个圆不一定同心

B. 用两个圆去包容实际轮廓，并使两个圆的半径差为最小，两个圆一定同心

C. 圆度是零件本身实际的形状，和使用什么算法评价无关，无论使用什么方法（最小区域法、最小二乘法等）结果都是相同的

D. 最小区域法是求得的数据与实际数据之间误差的平方和为最小

9.（多选题）属于形状公差的有（　　）。

A. 圆度　　B. 同心度　　C. 平面度　　D. 线轮廓度

10.（判断题）平面度公差可以用来控制平面上直线的直线度误差。（　　）

11.（判断题）圆度不能控制圆锥面。（　　）

12.（判断题）形状误差与要素间的位置无关。（　　）

13.（判断题）公差带的方向和位置有浮动和固定两种。（　　）

**引导问题3：你能使用PC-DMIS软件对方向误差进行评价吗？**

1. 方向公差是指实际要素对其具有确定________的理想要素的允许变动量。

2. 当理论正确角度为 0° 时，称为________公差；当理论正确角度为________时，称为垂直度公差；当理论正确角度为其他任意角度时，称为________公差。

3.________是建立关联被测要素方向和位置的依据。

4. 一个三基面体系是由三个相互________的基准平面所构成的。

5. 评价主教材表 2-1 中尺寸序号①时，公差值前面加了符号“$\phi$”，则几何公差带的形状为（　　）。

A. 圆柱形　　B. 圆形　　C. 两同心圆　　D. 两同心圆柱

6. 当倾斜度、垂直度和平行度应用于平面时，它们还控制（　　）。

A. 尺寸　　B. 位置　　C. 平面度　　D. 平行度

7. 下面关于倾斜度公差的描述，正确的是（　　）。

A. 单位是度

B. 单位是线性尺寸（如毫米）

C. 倾斜度同时也可以控制形状

D. 当理论角度是 0° 或 90° 时，不能使用倾斜度符号

8. 如图 2-1-26 所示，被测要素是（　　），它的公差带形状为（　　）。

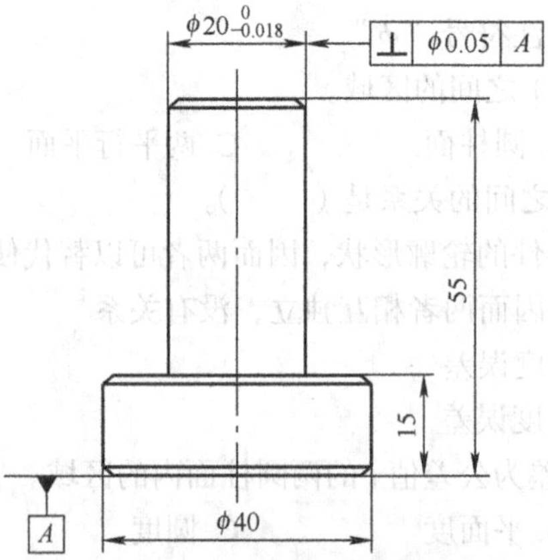

图 2-1-26　标注示例（五）

A. $\phi$20mm 圆柱面，直径为 0.05mm 的圆柱

B. $\phi$20mm 圆柱面，距离为 0.05mm 的两平行直线

C. $\phi$20mm 圆柱的轴线，直径为 0.05mm 的圆柱

D. $\phi$20mm 圆柱的轴线，距离为 0.05mm 的两平行直线

9. 如图 2-1-27 所示，下面关于倾斜度的说法正确的是（　　）。

A. 公差带是两个夹角为 0.1° 的平面

B. 倾斜度同时控制了该平面的平面度

C. 公差带是直径为 0.1mm 的圆柱

D. 倾斜度同时控制了该平面的位置

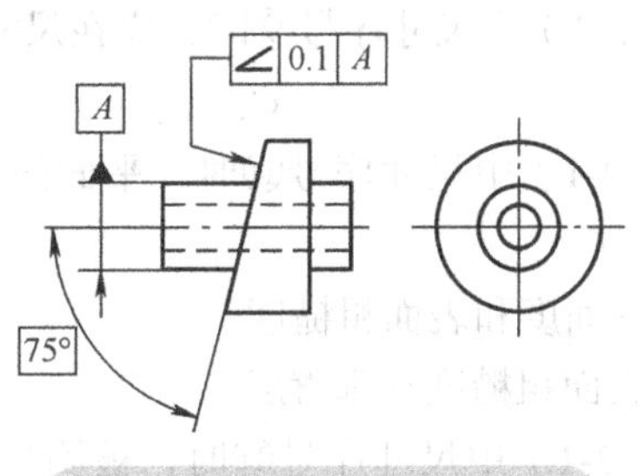


图 2-1-27　标注示例（六）

10. 如图 2-1-28 所示，图中基准 *A* 是指（　　）。

A. 下表面

B. 上表面

C. 上、下表面的中心平面

D. 下表面或中心平面

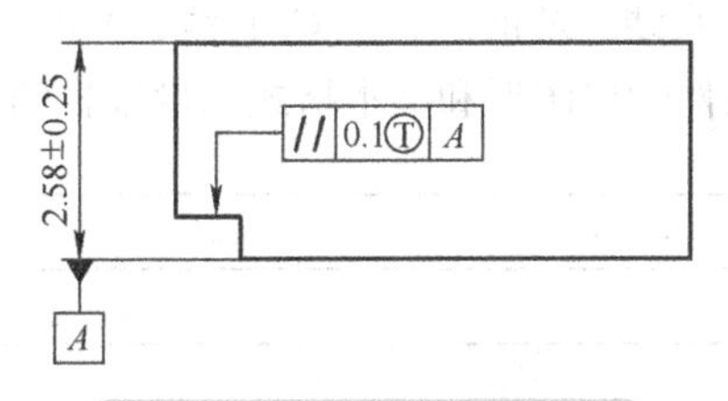


图 2-1-28　标注示例（七）

11.（多选题）下面选项中，只能定向控制不能定位控制的是（　　）。

A. 平行度　　B. 垂直度　　C. 同轴度　　D. 对称度

12.（判断题）某平面对基准平面的平行度误差为 0.05mm，那么该平面的平面度误差一定不大于 0.05mm。（　　）

13.（判断题）方向公差既控制要素的方向，同时也控制要素的位置。（　　）

14.（判断题）几何公差标注中，基准符号中的字母应按水平方向书写。（　　）

**引导问题4：如何对该项目零件测量列表中的尺寸进行评价及报告输出？**

1. 评价测量列表（主教材表 2-1）中尺寸序号④时，应选择（　　）工作平面进行评价。

A. *X* 正　　B. *Y* 正　　C. *Z* 正　　D. 任意

2. 评价测量列表（主教材表 2-1）中尺寸序号⑥时，当前工作平面为 *X* 负，在距离评价选项中，应勾选（　　）关系、（　　）方向进行评价。

A. 按 X 轴，平行于　　B. 按 Y 轴，垂直于

C. 按 Z 轴，平行于　　D. 按特征，垂直于

3. 评价测量列表（主教材表 2-1）中尺寸序号⑦时，当前工作平面为 *Y* 负，在距离评价选项

中，应勾选（　　）关系、（　　）方向和（　　）圆选项进行评价。

A. 按 Z 轴，平行于，加半径

B. 按 Y 轴，平行于，加半径

C. 按 Z 轴，平行于，无半径

D. 按 Y 轴，垂直于，减半径

4. 评价测量列表（主教材表 2-1）中尺寸序号⑨时，应在尺寸工具栏中选择（　　）图标。

A. ⊥　　B. ∠　　C. ⊿　　D. //

5. 评价测量列表（主教材表 2-1）中尺寸序号⑭时，平面的加工质量主要从（　　）两个方面来衡量。

A. 平行度和垂直度　　B. 平面度和表面粗糙度

C. 平面度和平行度　　D. 表面粗糙度和垂直度

6. 评价测量列表（主教材表 2-1）中尺寸序号⑭时，被测特征和基准特征评价顺序互换时，下列测量结果描述正确的是（　　）

A. 结果相同　　B. 结果变大　　C. 结果变小　　D. 结果可能不同

7. 评价测量列表（主教材表 2-1）中尺寸序号⑨时，理论正确角度为（　　）。

A. 30º　　B. 45º　　C. 90º　　D. 50º

8. 评价测量列表（主教材表 2-1）中尺寸序号⑰时，被测特征应为（　　），该特征应在（　　）工作平面进行测量。

A. 平面，*Y* 负　　B. 直线，*X* 正　　C. 直线，*Y* 正　　D. 平面，*Z* 正

9. 请描述 PC-DMIS 测量软件输出图形和文本格式测量报告的步骤。

______________________________________________

______________________________________________

______________________________________________

______________________________________________

**学习活动过程评价表**

<table>
<tr><th>班级</th><th></th><th>姓名</th><th></th><th>学号</th><th></th><th>日期</th><th>年　月　日</th></tr>
<tr><th>序号</th><th colspan="4">评价要点</th><th>配分</th><th>得分</th><th>总评</th></tr>
<tr><td>1</td><td colspan="4">能正确识读零件图中几何公差标注的含义</td><td>25</td><td></td><td rowspan="6">A □（86~100）<br>B □（76~85）<br>C □（60~75）<br>D □（60 以下）</td></tr>
<tr><td>2</td><td colspan="4">能使用 PC-DMIS 尺寸工具正确评价形状误差</td><td>15</td><td></td></tr>
<tr><td>3</td><td colspan="4">能使用 PC-DMIS 尺寸工具正确评价方向误差</td><td>15</td><td></td></tr>
<tr><td>4</td><td colspan="4">能完成测量列表中所有尺寸的评价，并输出图形和文本格式的测量报告</td><td>25</td><td></td></tr>
<tr><td>5</td><td colspan="4">能按照工作环境的要求，穿戴好工作服等劳保用品</td><td>10</td><td></td></tr>
<tr><td>6</td><td colspan="4">能对精密测量仪器进行维护保养</td><td>10</td><td></td></tr>
<tr><td>小结<br>建议</td><td colspan="7"></td></tr>
</table>

# 项目二　轴类零件的自动测量

**【项目描述】**

学校数控系产学研组接到一批企业产品订单，数量为 500 件，产品已经加工完成。现企业要求送货，并提供三坐标检测的产品出货报告。本次的学习任务是根据生产部门提供的 CAD 模型，利用三坐标测量机的操纵盒和测量软件中的“程序模式”进行采点编程，完成本次的学习任务。

**【项目图样】**

本项目图样如主教材图 2-42 所示。

**【项目任务】**

任务 1　坐标系的建立

任务 2　程序的编写（自动测量）

任务 3　公差评价及报告评价输出

**【项目分析】**

通过小组讨论的形式，分析图样，明确所要测量的尺寸，根据测量室现有的测量条件，填写检测方案表 2-2-1，并按照主教材表 2-20 所列的尺寸顺序，出具一份完整的检测报告。

**表 2-2-1　轴类零件的检测方案**

<table>
<tr><td>产品名称</td><td colspan="2"></td><td>产品图号</td><td colspan="2"></td></tr>
<tr><td>主要检测设备</td><td></td><td>型号</td><td></td><td>工作行程</td><td></td></tr>
<tr><td colspan="6">测头系统配置</td></tr>
<tr><td>测座</td><td colspan="5"></td></tr>
<tr><td>转接（可省略）</td><td colspan="5"></td></tr>
<tr><td>传感器</td><td colspan="5"></td></tr>
<tr><td>加长杆（可省略）</td><td colspan="5"></td></tr>
<tr><td>测针</td><td colspan="5"></td></tr>
<tr><td colspan="6">零件装夹方法</td></tr>
<tr><td>夹具名称</td><td colspan="5"></td></tr>
<tr><td>零件摆放方向</td><td colspan="5"></td></tr>
<tr><td colspan="6">测头角度的选择</td></tr>
<tr><td>角度</td><td colspan="4">对应检测的尺寸编号</td><td>安全平面</td></tr>
<tr><td></td><td colspan="4"></td><td></td></tr>
<tr><td></td><td colspan="4"></td><td></td></tr>
<tr><td></td><td colspan="4"></td><td></td></tr>
<tr><td></td><td colspan="4"></td><td></td></tr>
<tr><td></td><td colspan="4"></td><td></td></tr>
<tr><td></td><td colspan="4"></td><td></td></tr>
</table>

（续）

| 产品名称 | | 产品图号 | |
|---|---|---|---|
| 主要检测设备 | | 型号 | | 工作行程 | |

| 零件坐标系的建立 | | |
|---|---|---|
| 粗建坐标系 | X轴方向 | |
| | X轴原点 | |
| | Y轴方向 | |
| | Y轴原点 | |
| | Z轴方向 | |
| | Z轴原点 | |
| 精建坐标系 | X轴方向 | |
| | X轴原点 | |
| | Y轴方向 | |
| | Y轴原点 | |
| | Z轴方向 | |
| | Z轴原点 | |
| 运动参数设置 | 逼近距离 | |
| | 回退距离 | |
| | 移动速度 | |
| | 触测速度 | |

**【方案展示与评价】**

把各个小组制订好的检测方案表格进行展示，并由小组推荐代表做必要的介绍。在展示的过程中，以组为单位进行评价；其他组对展示小组的成果进行相应的评价，展示小组同时也要接受其他组的提问，并做出回答，提问题的小组要事先为所提问题提供一个参考答案。小组展示可以采用PPT、图片、海报、录像等形式，时间控制在10min以内，教师对展示的作品分别做评价，并完成表2-2-2的填写，方案通过的小组进入检测操作环节。

表2-2-2 评价表

| 班级 | | 姓名 | | 日期 | 年 月 日 |
|---|---|---|---|---|---|
| 序号 | 评价要点 | | 配分 | 得分 | 总评 |
| 1 | 出勤、纪律、态度 | | 20 | | A □（86～100）<br>B □（76～85）<br>C □（60～75）<br>D □（60以下） |
| 2 | 讨论、互动、协作精神 | | 30 | | |
| 3 | 表达、会话 | | 20 | | |
| 4 | 学习能力、收集和处理信息能力、创新精神 | | 30 | | |
| 小结建议 | | | | | |

# 学习任务1　坐标系的建立

1. 能正确使用公共轴线法建立坐标系。
2. 能构造最佳拟合线、构造刺穿点。
3. 能按照工作环境的要求，穿戴好工作服等劳保用品。
4. 能对精密测量仪器进行维护保养。

1. 回转体零件的轴线应与数控车床的________共线，由装配的孔或顶尖的面________确定，因此可以采用________建立坐标系。

2. 公共基准由________或________以上需同时考虑的基准要素建立。

3. 参与公共基准建立的元素，原则上________和________的作用是平等的，因此可以当作同一个元素来测量。

4. 以下选项中，________不属于公共基准。

A. 公共基准轴线　　B. 公共基准平面

C. 公共基准中心平面　　D. 公共基准中心轴线

5. 以下选项中，________不属于构造特征。

A. 构造 2D 直线　　B. 构造 3D 直线　　C. 构造曲线　　D. 构造平面

6. 请写出公共基准平面和公共基准中心平面的概念。

______________________________________________

______________________________________________

______________________________________________

**学习活动过程评价表**

| 班级 | | 姓名 | | 学号 | | 日期 | 年　月　日 |
|---|---|---|---|---|---|---|---|
| 序号 | 评价要点 | | | | 配分 | 得分 | 总评 |
| 1 | 能正确使用公共轴线法建立坐标系 | | | | 30 | | A □（86~100）<br>B □（76~85）<br>C □（60~75）<br>D □（60 以下） |
| 2 | 能构造最佳拟合线 | | | | 25 | | |
| 3 | 能构造刺穿点 | | | | 25 | | |
| 4 | 能按照工作环境的要求，穿戴好工作服等劳保用品 | | | | 10 | | |
| 5 | 能对精密测量仪器进行维护保养 | | | | 10 | | |
| 小结建议 | | | | | | | |

# 学习任务2 程序的编写（自动测量）

1. 能利用三坐标测量机自动测量特征（自动测量圆锥、球）。
2. 能运用“最佳拟合重新补偿”构造平面。
3. 能运用“最佳拟合”构造 3D 直线。
4. 能运用圆锥指定直径或与圆柱相交构造圆。
5. 能按照工作环境的要求，穿戴好工作服等劳保用品。
6. 能对精密测量仪器进行维护保养。

## 学习过程

1. 内外圆锥的矢量方向定义遵循：从圆锥的________中心指向________中心。
2. $X$、$Y$、$Z$ 数值框：________特征位置的 $X$、$Y$、$Z$ 理论值。
3. 触测自动移动属性：用于定义________和________测头的安全位置

两者：________________________________________________________。

前：________________________________________________________。

后：________________________________________________________。

否：________________________________________________________。

4. ________：如果程序中已经定义了安全平面，则测量时激活安全平面。
5. ________：根据 $X$、$Y$、$Z$ 值查找 CAD 图上最接近的 CAD 元素（有数模时才可使用）。
6. 检测球体特征时，以下选项中，________参数设置正确。

A. 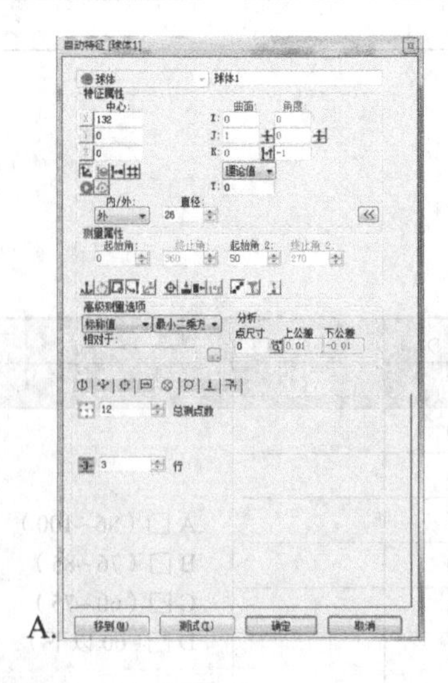


B. 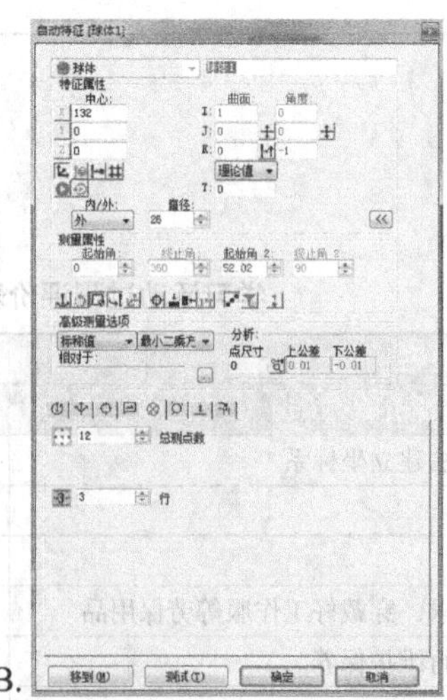

C. 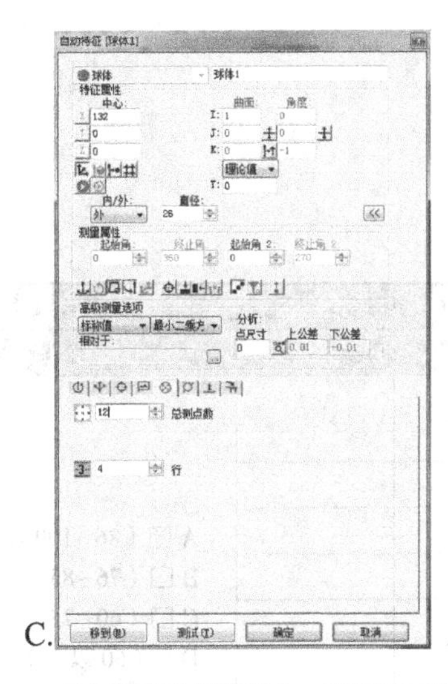

D. 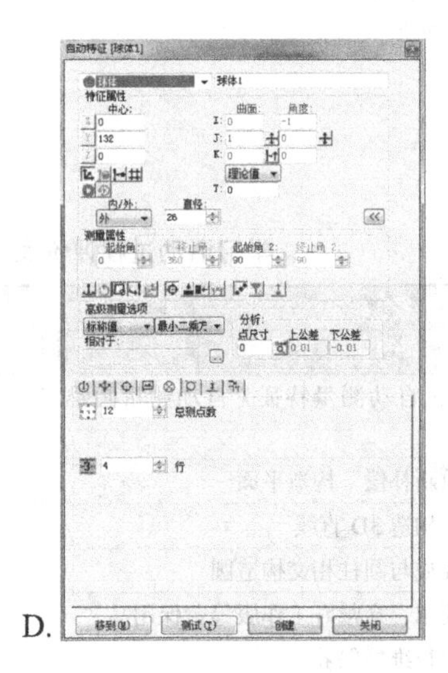

7. 检测圆锥特征时，以下选项中，________参数设置正确。

A. 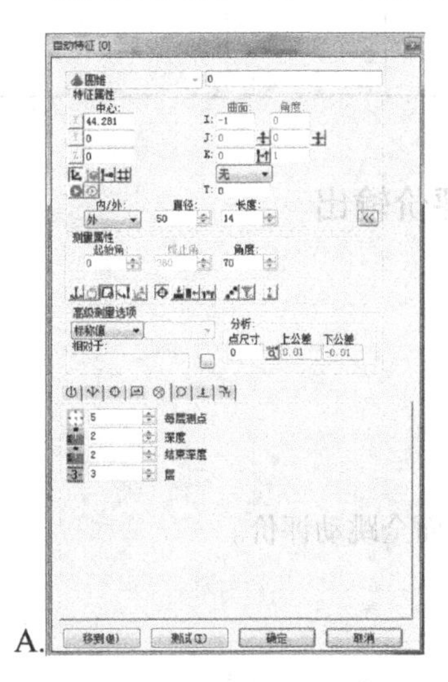

B. 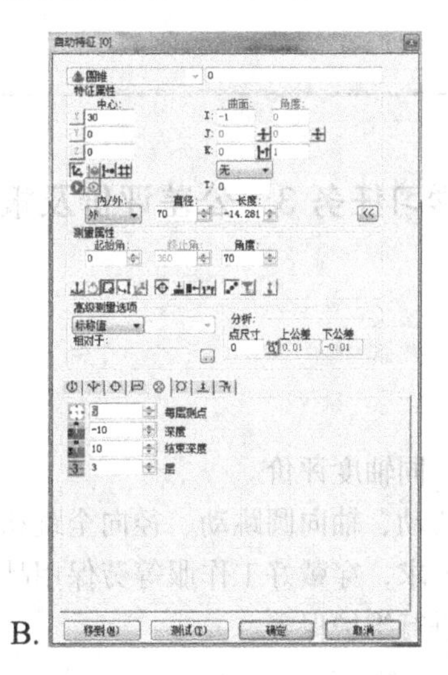

C. 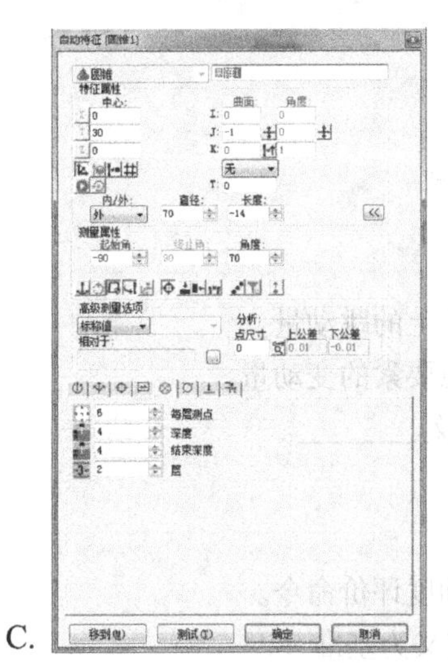

D. 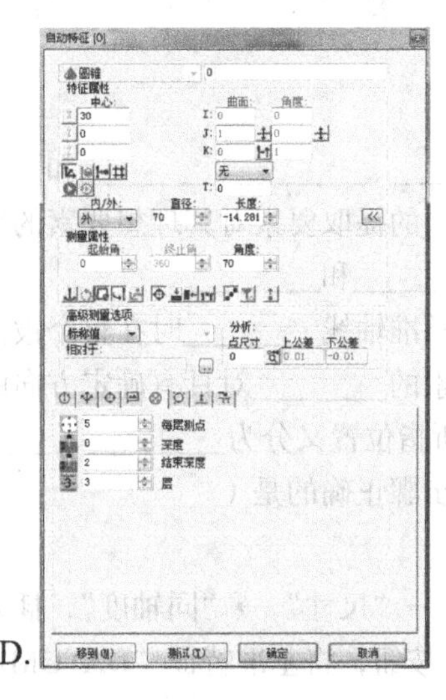

学习活动过程评价表

| 班级 | | 姓名 | | 学号 | | 日期 | 年 月 日 |
|---|---|---|---|---|---|---|---|
| 序号 | 评价要点 | | | | 配分 | 得分 | 总评 |
| 1 | 能利用三坐标测量机自动测量特征（自动测量圆锥、球） | | | | 20 | | A □（86~100）<br>B □（76~85）<br>C □（60~75）<br>D □（60 以下） |
| 2 | 能运用“最佳拟合重新补偿”构造平面 | | | | 20 | | |
| 3 | 能运用“最佳拟合”构造 3D 直线 | | | | 20 | | |
| 4 | 能运用圆锥指定直径或与圆柱相交构造圆 | | | | 20 | | |
| 5 | 能按照工作环境的要求，穿戴好工作服等劳保用品 | | | | 10 | | |
| 6 | 能对精密测量仪器进行维护保养 | | | | 10 | | |
| 小结建议 | | | | | | | |

## 学习任务 3　公差评价及报告评价输出

1. 能正确运用直线度、同轴度评价。
2. 能正确运用径向圆跳动、轴向圆跳动、径向全跳动、端面全跳动评价。
3. 能按照工作环境的要求，穿戴好工作服等劳保用品。
4. 能对精密测量仪器进行维护保养。

学习过程

1. 几何公差包括________、________、________和________。
2. 形状公差是________的提取要素对其理想要素的变动量。
3. 跳动公差可分为________和________。
4. 全跳动是指零件绕基准轴线________时在整个被测表面上的跳动量。
5. 方向公差是被测要素的________对具有确定方向的理想要素的变动量。
6 圆跳动按照指示计所指位置又分为________、________及________。
7. 同轴度评价的操作步骤正确的是（　　）。

A.
1）通过单击“插入”→“尺寸”→“同轴度”，插入同轴度评价命令。
2）单击“定义基准”按钮，将基准特征“DATUMA”定义为基准 *A*。

3）在“特征控制框”选项卡左侧特征栏中选择被评价元素“ ”，按照图样标注在尺寸框第一基准位置选择基准 $A$，并输入尺寸公差。

4）单击“创建”按钮，完成同轴度评价命令的创建。

B.

1）通过单击“插入”→“尺寸”→“同轴度”，插入同轴度评价命令。

2）单击“定义基准”按钮，将基准特征“DATUMA”定义为基准 $A$。

3）在“特征控制框”选项卡左侧特征栏中选择被评价元素“同轴度”，按照图样标注在尺寸框第一基准位置选择基准 $A$，并输入尺寸公差带代号。

4）单击“确定”按钮，完成同轴度评价命令的创建。

C.

1）通过单击“插入”→“尺寸”→“同轴度”，插入同轴度评价命令。

2）单击“定义基准”按钮，将基准特征“DATUMA”定义为基准 $A$。

3）在“特征控制框”选项卡左侧特征栏中选择被评价元素“同轴度”，按照图样标注在尺寸框第一基准位置选择基准 $A$，并输入尺寸公差。

4）单击“创建”按钮，完成同轴度评价命令的创建。

D.

1）通过单击“插入”→“尺寸”→“平行度”，插入同轴度评价命令。

2）单击“基准”按钮，将基准特征“DATUMA”定义为基准 $A$。

3）在“特征控制框”选项卡左侧特征栏中选择被评价元素“同轴度”，按照图样标注在尺寸框第一基准位置选择基准 $A$，并输入尺寸公差。

4）单击“创建”按钮，完成同轴度评价命令的创建。

8. 以下选项中，________不属于形状公差。

A. 直线度　　B. 圆柱度　　C. 平行度　　D. 平面度

9. 理想要素的方向由基准和理论正确尺寸确定。方向公差值用定向最小包容区域（简称定向最小区域）的________表示。

A. 长度或半径　　B. 宽度或直径　　C. 长度或直径　　D. 宽度或半径

10. 以下选项中，________不属于方向公差。

A. 平面度　　B. 垂直度　　C. 倾斜度　　D. 面轮廓度

11. 请写出直线度公差带的定义。

______________________________________________

______________________________________________

______________________________________________

12. 请写出同轴度公差带的定义。

______________________________________________

______________________________________________

______________________________________________

13. 位置公差的含义是什么？

______________________________________________

______________________________________________

14. 圆跳动的含义是什么？

______________________________________________

______________________________________________

15. 位置公差包含哪些几何特征？

______________________________________________

______________________________________________

**学习活动过程评价表**

<table>
<tr><td>班级</td><td></td><td>姓名</td><td></td><td>学号</td><td></td><td>日期</td><td>年 月 日</td></tr>
<tr><td>序号</td><td colspan="5">评价要点</td><td>配分</td><td>得分</td><td>总评</td></tr>
<tr><td>1</td><td colspan="5">能正确运用直线度评价</td><td>20</td><td></td><td rowspan="8">A □（86~100）<br>B □（76~85）<br>C □（60~75）<br>D □（60 以下）</td></tr>
<tr><td>2</td><td colspan="5">能正确运用同轴度评价</td><td>20</td><td></td></tr>
<tr><td>3</td><td colspan="5">能正确运用径向圆跳动评价</td><td>10</td><td></td></tr>
<tr><td>4</td><td colspan="5">能正确运用轴向圆跳动评价</td><td>10</td><td></td></tr>
<tr><td>5</td><td colspan="5">能正确运用径向全跳动评价</td><td>10</td><td></td></tr>
<tr><td>6</td><td colspan="5">能正确运用轴向全跳动评价</td><td>10</td><td></td></tr>
<tr><td>7</td><td colspan="5">能按照工作环境的要求，穿戴好工作服等劳保用品</td><td>10</td><td></td></tr>
<tr><td>8</td><td colspan="5">能对精密测量仪器进行维护保养</td><td>10</td><td></td></tr>
<tr><td>小结<br>建议</td><td colspan="5"></td><td></td><td></td><td></td></tr>
</table>

# 项目三　复杂箱体类零件的自动测量

【项目描述】

学校数控系产学研组接到一批企业产品订单，数量为 500 件，产品已经加工完成。现企业要求送货，并提供三坐标检测的产品出货报告。

【项目图样】

本项目图样如主教材图 2-52 所示。

【项目任务】

任务 1　测头更换架的使用

任务 2　程序的编写（自动测量）

任务 3　公差评价及报告评价输出

【项目分析】

通过小组讨论的形式，分析图样，明确所要测量的尺寸，根据测量室现有的测量条件，填写检测方案表 2-3-1，并按照主教材表 2-36 所列的尺寸顺序，出具一份完整的检测报告。

**表 2-3-1　复杂箱体类零件的检测方案**

<table>
<tr><td>产品名称</td><td colspan="2"></td><td colspan="2">产品图号</td><td></td></tr>
<tr><td>主要检测设备</td><td></td><td>型号</td><td></td><td>工作行程</td><td></td></tr>
<tr><td colspan="6">测头系统配置</td></tr>
<tr><td colspan="2">测座</td><td colspan="4"></td></tr>
<tr><td colspan="2">转接（可省略）</td><td colspan="4"></td></tr>
<tr><td colspan="2">传感器</td><td colspan="4"></td></tr>
<tr><td colspan="2">加长杆（可省略）</td><td colspan="4"></td></tr>
<tr><td colspan="2">测针</td><td colspan="4"></td></tr>
<tr><td colspan="6">零件装夹方法</td></tr>
<tr><td colspan="2">夹具名称</td><td colspan="4"></td></tr>
<tr><td colspan="2">零件摆放方向</td><td colspan="4"></td></tr>
<tr><td colspan="6">测头角度的选择</td></tr>
<tr><td colspan="2">角度</td><td colspan="3">对应检测的尺寸编号</td><td>安全平面</td></tr>
<tr><td colspan="2"></td><td colspan="3"></td><td></td></tr>
<tr><td colspan="2"></td><td colspan="3"></td><td></td></tr>
<tr><td colspan="2"></td><td colspan="3"></td><td></td></tr>
<tr><td colspan="2"></td><td colspan="3"></td><td></td></tr>
<tr><td colspan="2"></td><td colspan="3"></td><td></td></tr>
<tr><td colspan="2"></td><td colspan="3"></td><td></td></tr>
<tr><td colspan="6">零件坐标系的建立</td></tr>
<tr><td rowspan="6">粗建坐标系</td><td>X轴方向</td><td colspan="4"></td></tr>
<tr><td>X轴原点</td><td colspan="4"></td></tr>
<tr><td>Y轴方向</td><td colspan="4"></td></tr>
<tr><td>Y轴原点</td><td colspan="4"></td></tr>
<tr><td>Z轴方向</td><td colspan="4"></td></tr>
<tr><td>Z轴原点</td><td colspan="4"></td></tr>
<tr><td rowspan="6">精建坐标系</td><td>X轴方向</td><td colspan="4"></td></tr>
<tr><td>X轴原点</td><td colspan="4"></td></tr>
<tr><td>Y轴方向</td><td colspan="4"></td></tr>
<tr><td>Y轴原点</td><td colspan="4"></td></tr>
<tr><td>Z轴方向</td><td colspan="4"></td></tr>
<tr><td>Z轴原点</td><td colspan="4"></td></tr>
<tr><td rowspan="4">运动参数设置</td><td>逼近距离</td><td colspan="4"></td></tr>
<tr><td>回退距离</td><td colspan="4"></td></tr>
<tr><td>移动速度</td><td colspan="4"></td></tr>
<tr><td>触测速度</td><td colspan="4"></td></tr>
</table>

【方案展示与评价】

把各个小组制订好的检测方案表格进行展示，并由小组推荐代表做必要的介绍。在展示的过程中，以组为单位进行评价；其他组对展示小组的成果进行相应的评价，展示小组同时也要接受其他组的提问，并做出回答，提问题的小组要事先为所提问题提供一个参考答案。小组展示可以采用 PPT、图片、海报、录像等形式，时间控制在 10min 以内，教师对展示的作品分别做评价，并填写表 2-3-2 所示的评价表。方案通过的小组进入检测操作环节。

表 2-3-2　评价表

| 班级 | | 姓名 | | 日期 | 年　月　日 |
|---|---|---|---|---|---|
| 序号 | 评价要点 | | 配分 | 得分 | 总评 |
| 1 | 出勤、纪律、态度 | | 20 | | A □（86～100）<br>B □（76～85）<br>C □（60～75）<br>D □（60 以下） |
| 2 | 讨论、互动、协作精神 | | 30 | | |
| 3 | 表达、会话 | | 20 | | |
| 4 | 学习能力、收集和处理信息能力、创新精神 | | 30 | | |
| 小结建议 | | | | | |

## 学习任务 1　测头更换架的使用

1. 能正确讲述测头更换架的种类。
2. 能正确校验直线型三库位的测头更换架。
3. 能根据测量需要，在测针列表中编制一个新的测针型号。

**引导问题1：测头更换架的类型有哪些呢？**

1. 如图 2-3-1 所示的测头更换架，库位的数目是（　　）。

A. 2 个　　B. 3 个　　C. 4 个　　D. 5 个

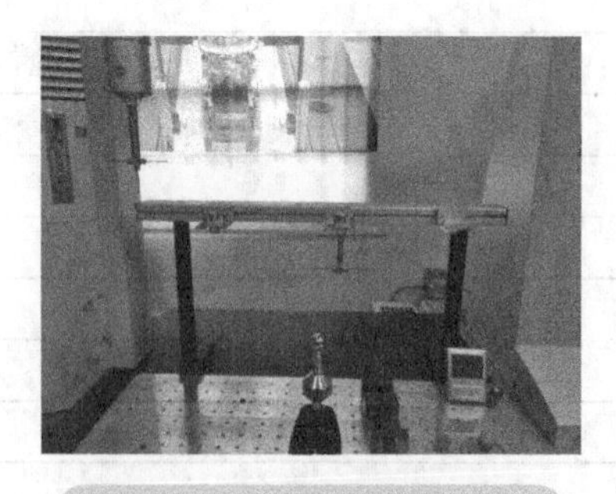

图 2-3-1　测头更换架（一）

2. 如图 2-3-2 所示的测头更换架属于（　　）测头更换架。

A. 单层直线型　　B. 双层直线型　　C. 圆形　　D. 环形

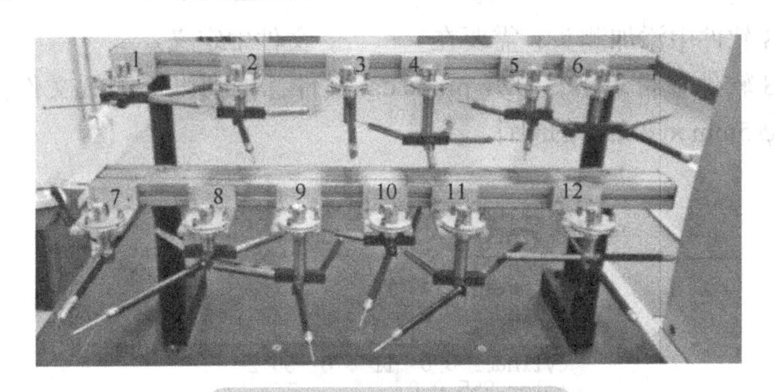


图 2-3-2　测头更换架（二）

**引导问题2：测头更换架是如何校验的呢？**

1. 定义测头更换架的进入路径：单击“编辑”→“(　　　)”→“(　　　)”。

2. 如果要设定更换测针时，测头距离槽的安全距离，则应单击（　　）按钮。

A. 编辑库位数据　　B. 安全点　　C. 校验　　D. 类型

3. 如果更换架上库位对应的测头文件名称及测针配置更改了，则应单击（　　）按钮，分别设置每个库位对应的新的测头文件。

A. 编辑库位数据　　B. 安全点　　C. 校验　　D. 槽

4. 如果要设置更换架上槽的数目，则应单击（　　）按钮。

A. 编辑库位数据　　B. 安全点　　C. 校验　　D. 槽

5. 根据实际更换架的数目设置更换架的数目，则应单击“测头更换架”对话框中的（　　）按钮。

A. 编辑库位数据　　B. 安全点　　C. 校验　　D. 类型

6. 图 2-3-3 所示步骤的目的是（　　）。

A. 确定槽的位置

B. 确定测针入库的高度

C. 设置每个库位放置测头文件

D. 设置库位数目

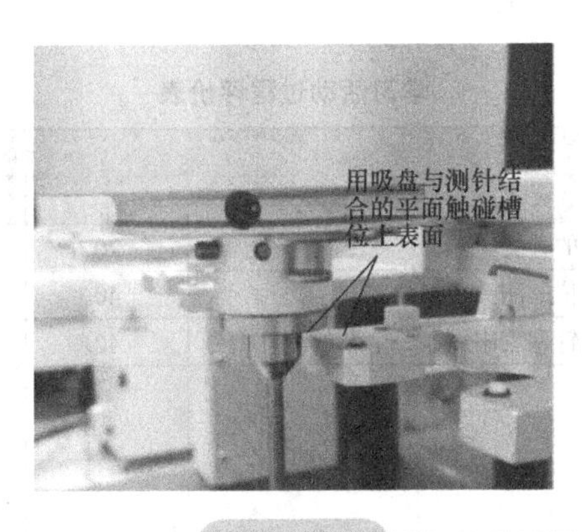


图　2-3-3

**引导问题3：PC-DMIS测针库几乎包含了目前可以使用的所有标准测针，对于特殊的定制测针在测针编辑器中没有相应的测针选项，我们可以通过什么方式来设定呢？**

1. 在 PC-DMIS 软件中添加测头，需要在________文件中定义。

2. 在 PC-DMIS 软件根目录下，打开 probe.dat 文件，找到以下测针文件，请根据该文件为 LEITZ1 定义一根 $\phi$ 5mm × 70mm 的测针。

```
ITEM:TIP3BY50MM LEITZ1
begintip
ribcount 10
color 142 142 142
cylinder 0 0 0 0 0 -6 12
cone 0 0 -6 12 0 0 -11 2
cylinder 0 0 -11 0 0 -50 2
color 255 0 0
sphere 0 0 -50 3
hotspot 0 0 -50 0 0 1 3 3 ball
endtip
```

____________________________________________

____________________________________________

____________________________________________

____________________________________________

____________________________________________

____________________________________________

____________________________________________

____________________________________________

____________________________________________

____________________________________________

____________________________________________

____________________________________________

**学习活动过程评价表**

| 班级 | | 姓名 | | 学号 | | 日期 | 年　月　日 |
|---|---|---|---|---|---|---|---|
| 序号 | 评价要点 | | | | 配分 | 得分 | 总评 |
| 1 | 能正确讲述测头更换架的种类 | | | | 20 | | A □（86 ~100）<br>B □（76 ~85）<br>C □（60 ~75）<br>D □（60 以下） |
| 2 | 能正确校验直线型三库位的测头更换架 | | | | 40 | | |
| 3 | 能根据测量需要，在测针列表中编制一个新的测针型号 | | | | 40 | | |
| 小结<br>建议 | | | | | | | |

## 学习任务 2　程序的编写（自动测量）

1. 能正确运用三坐标测量机自动测量特征（自动点、线、面）。
2. 能正确运用构造特征组。
3. 了解常用的扫描方式。
4. 熟悉构造平面的操作。

**引导问题1：如何拾取自动测量特征中点、线、面？**

1. 一点成________，两点成________，三点成________。
2. 自动测量矢量特征分别有哪几个？

____________________________________________________________

____________________________________________________________

____________________________________________________________

在选取它们时，需要先单击________模式。
3. 自动测量点的路径是：

____________________________________________________________

4. 自动测量线的路径是：

____________________________________________________________

5. 自动测量面的路径是：

____________________________________________________________

6. 自动测量特征在什么时候运用？（　　）
A. 粗建坐标之前　　B. 精建坐标之后
C. 粗建坐标之后　　D. 评价特征之前
7. 自动测量特征是指按照指定的________在指定的位置上测量一个点、一条线或一个面。
8. 在自动测量时要注意什么？

____________________________________________________________

9.（判断题）触测面时，点的数量越多越好。（　　）
10.（判断题）拾取完路径之后不单击“创建”按钮也能生成程序。（　　）

**引导问题2：构造特征组的注意事项以及如何构造？**

1. 构造特征组之前应先把________打开，取出一系列的点后打开它的路径：________________，弹出“构造特征集合”对话框，选取所需要的点即可，或者可以直接在 PC-DMIS 界面单击构造曲线，选取完成后单击________，就会生成________程序。

2. 当单击“创建”按钮时，PC-DMIS 将计算所有输入质心的________，并显示带有新标识的________。

3. 如果选择的特征类型不匹配，则 PC-DMIS 会在状态栏上显示________。

4. 如何评价下图标注的线轮廓度？（　　）
A. 构造平面　　B. 构造曲线　　C. 构造相交　　D. 构造中分面

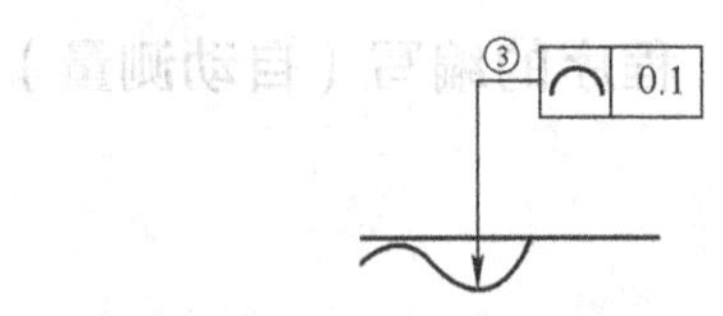


5. 构造特征组所取的点数越多越好吗？为什么？

______________________________________________

______________________________________________

6. 构造特征组时，如果不用仅点模式可以吗？为什么？

______________________________________________

______________________________________________

**引导问题3：如何应用常用的扫描方式？**

1. 常用的扫描方式有几种？分别是什么？

______________________________________________

______________________________________________

2.________是最基本的扫描方式。测头从起始点开始，沿一定方向并按预定步长进行扫描，直至终止点。

3.________允许扫描内表面或外表面，它只需要“起点”和“方向点”两个值，因为闭线扫描的起点和终止点是同一个点，所以可以省略终止点的设置。

4.________方式仅适用于有 CAD 曲面模型的零件。

5. 采用 DCC 方式测量，又有 CAD 文件，可以用的扫描方式有哪些？

______________________________________________

6. 采用 DCC 方式测量，而只有线框型 CAD 文件，可以用的扫描方式有哪些？

______________________________________________

7. 若采用手动测量方式，则只能使用基本的________方式；若采用手动测量方式并使用刚性测头，则可用选项为________。

8.______________________________与 CAD 文件有关。

9.______________________________由状态按钮决定。

10. 若采用 DCC 方式测量，而只有线框型 CAD 文件，下列不可用的扫描方式是（　　）。

A. 曲面扫描　　B. 周边扫描　　C. 开线扫描　　D. 闭线扫描

**引导问题4：如何构造平面？**

1. 在实体上抽取几个________，接着单击________，选择“最佳拟合重新补偿”，将几个点构造成一个________。

2. 在构造最佳拟合中输入的特征数需大于________，它是利用________构造最佳拟合平面。

3. PC-DMIS 中用于构造平面的方法有哪些？

______________________________________________

4. 哪些构造平面的方法需要用到 2 个输入特征？

______________________________________________

______________________________________________

5. 构造最佳拟合重新补偿和构造最佳拟合的相同之处是____________________，不同之处又是________________________________________________________________________。

6. 如果需要检测对称度，需要用到哪个构造平面的方法？（　　）。

A. 平行　　B. 最佳拟合重新补偿　　C. 套用　　D. 中分面

**学习活动过程评价表**

<table>
<tr><th>班级</th><th></th><th>姓名</th><th></th><th>学号</th><th></th><th>日期</th><th>年　月　日</th></tr>
<tr><th>序号</th><th colspan="4">评价要点</th><th>配分</th><th>得分</th><th>总评</th></tr>
<tr><td>1</td><td colspan="4">能准确熟悉按键的作用及按键位置</td><td>20</td><td></td><td rowspan="6">A □（86~100）<br>B □（76~85）<br>C □（60~75）<br>D □（60 以下）</td></tr>
<tr><td>2</td><td colspan="4">能正确运用三坐标测量机自动测量特征（自动点、线、面）</td><td>20</td><td></td></tr>
<tr><td>3</td><td colspan="4">能正确运用构造特征组</td><td>20</td><td></td></tr>
<tr><td>4</td><td colspan="4">了解常用的扫描方式</td><td>20</td><td></td></tr>
<tr><td>5</td><td colspan="4">熟悉构造平面的操作</td><td>20</td><td></td></tr>
<tr><td>小结<br>建议</td><td colspan="4"></td><td></td><td></td></tr>
</table>

## 学习任务 3　公差评价及报告评价输出

1. 能说出单位长度的直线度和单位面积的平面度的标注含义。
2. 能说出评价对称度公差时如何使用构造特征组命令测量特征。
3. 能说出复合位置度与组合位置度的区别。
4. 能正确识读零件图中要素所采用的公差原则。
5. 能说出采用不同评价标准评价轮廓度公差时结果上的差异。
6. 能完成测量列表中所有尺寸的评价，并输出 Excel 格式的测量报告。

**引导问题1：单位长度的直线度与直线度以及单位面积的平面度与平面度有区别吗？**

1. 直线度属于几何公差特征项目中的________类别，属于几何要素功能分类中的________。
2. 直线度评价会出现三种评价类型：给定平面内的直线、________、________。
3. 如图 2-3-4 所示的几何公差标注的解读：在主视图方向上，图样中上平面内提取的直线应落在距离为________的________之间，则表示该平面上的直线度误差合格。

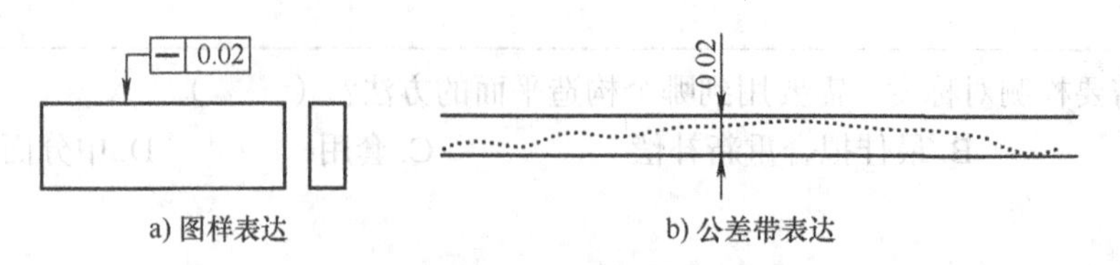


图 2-3-4　直线度标注示意图

4. 如图 2-3-5 所示的几何公差标注的解读：图样中上平面提取的直线在________全长上的直线度公差值为________，在任一________长度上的直线度公差值为________。

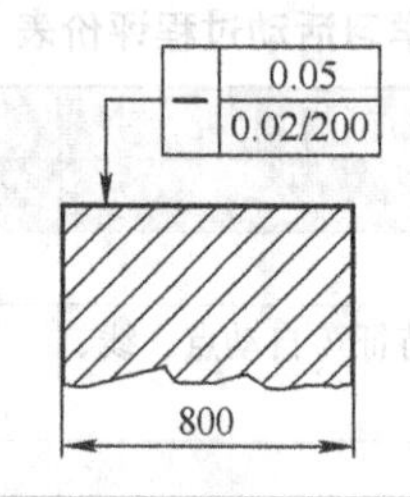


图 2-3-5　单位长度的直线度标注示意图

5. 如图 2-3-6 所示的几何公差标注的解读：图样中上平面提取的平面每________的正方形面积内，平面度公差值为________。

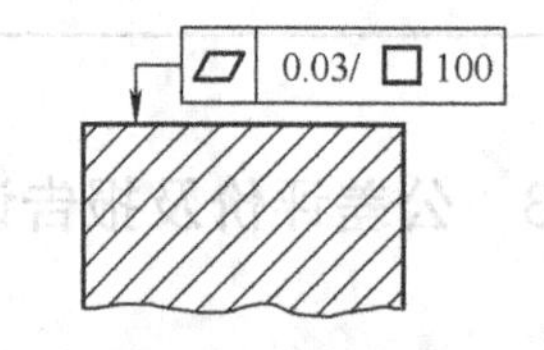


图 2-3-6　单位面积的平面度标注示意图

6. 几何公差带的形状决定于（　　）。

A. 几何公差特征项目

B. 几何公差标注形式

C. 被测要素的理想形状、几何公差特征项目和标注形式

D. 以上都不对

7. 主教材图 2-52 中尺寸序号③的几何公差框格中“25”代表（　　）。

A. 直线全长长度　　B. 任一直线长度　　C. 公差数值

8. 主教材图 2-52 中尺寸序号⑩的几何公差框格中“□ 25”代表（　　）。

A. 任一平面长度　　B . 任一平面宽带　　C . 任一平面面积

**引导问题2：在PC-DMIS软件中为何要使用构造特征组进行对称度公差评价？**

1. 对称度是限制被测线、面偏离基准直线、平面的一项指标。对称度公差带为相对基准中心平面或轴线________的________或________之间的区域。

2. 在 PC-DMIS 软件中评价主教材图 2-52 中的尺寸序号⑨，应使用_____评价，将________定义为基准 *D*，被测要素是______。

3. 轴上键槽的对称度属于（　　）。

A. 线对线的对称度　　B. 面对面的对称度

C. 线对面的对称度　　D. 面对线的对称度

4. 面对面对称度的几何公差带形状是（　　）。

A. 与基准同轴的两同轴圆柱面之间区域

B. 与基准平面平行且对称分布的两平行平面之间区域

C. 与基准同轴的圆柱面内区域

D. 两同心圆之间区域

5. 图样上规定键槽对轴的对称度公差为 0.05mm，则该键槽中心偏离轴的轴线距离不得大于（　　）。

A. 0.05mm　　B. 0.1 mm　　C. 0.025mm　　D. 0.005 mm

6. 为保证使用要求，应对轴的键槽提出（　　）要求。

A. 平行度　　B. 同轴度　　C. 对称度　　D. 位置度

7.（判断题）对称度的被测要素和基准要素都应为导出要素。（　　）

8.（判断题）对称度属于几何公差项目中的方向公差。（　　）

9. 对称度标注如图 2-3-7 所示。

（1）解释图 2-3-7a 中标注的几何公差的含义。

⌯ 0.8 A ：________________

（2）写出图 2-3-7b 中标识位置所表达的含义。

1：________________

2：________________

3：________________

4：________________

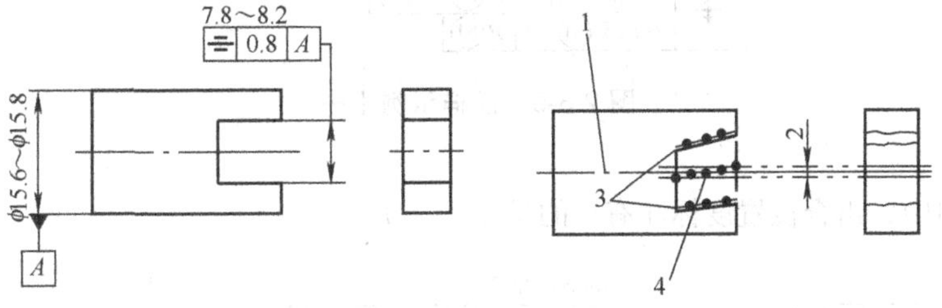

a) 图样表达　　b) 公差带表达

**图 2-3-7 对称度标注示意图**

**引导问题 3：复合位置度与组合位置度有什么区别？**

1. 当基准要素为组成要素时，基准符号应标注在该要素的________或其延长线上，并应该明显地与尺寸线________。

2. 当被测要素为导出要素时，指引线的箭头应与被测要素的尺寸线________。

3. 评定位置度误差的基准应首选（　　）。

A. 单一基准　　B. 组合基准　　C. 基准体系　　D. 任选基准

4. 一般说来，零件的形状误差应（　　）其位置误差。

A. 大于　　B. 小于　　C. 等于　　D. 大于或等于

5. 图 2-3-8 中标注的尺寸 $\phi 26$ 和 $8\times45°$ 属于（　　）尺寸。

A. 公称尺寸　　B. 参考尺寸　　C. 理论尺寸　　D. 理论正确尺寸

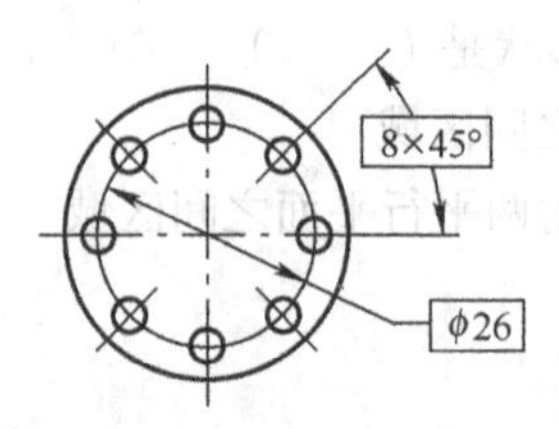


图 2-3-8　标注示例（一）

6. 如图 2-3-9 所示，该图样符合的标准是（　　）。

A. ISO 1101　　B. ASME Y14.5　　C. GB/T 1182　　D. ISO 10360

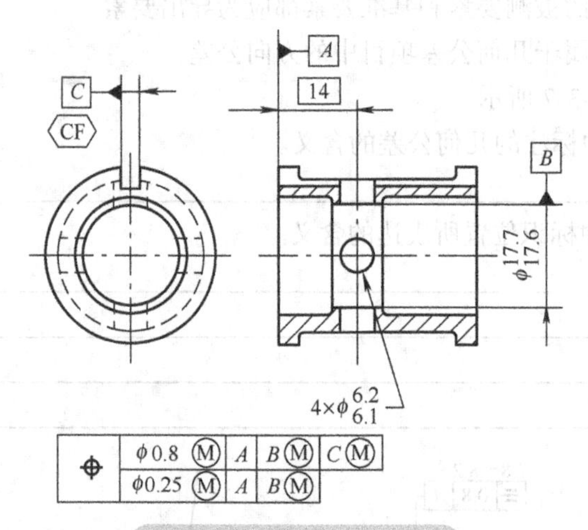


图 2-3-9　图样示例（一）

7. 下列选项中，组合位置度标注有误的是（　　）。

A.
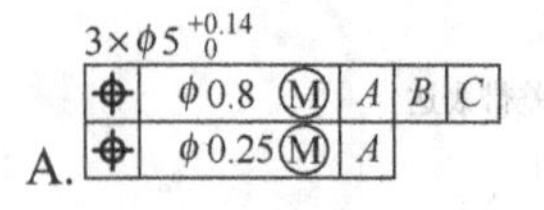


B.
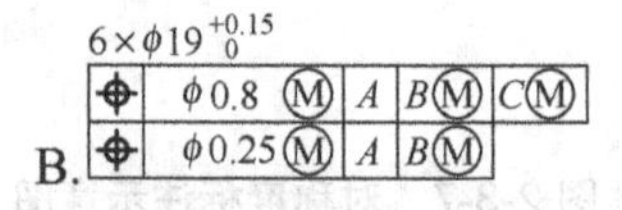


C.
3×φ5 +0.14 0
⌖ φ0.8 Ⓜ A B C
⌖ φ0.25 Ⓜ A B C

D.
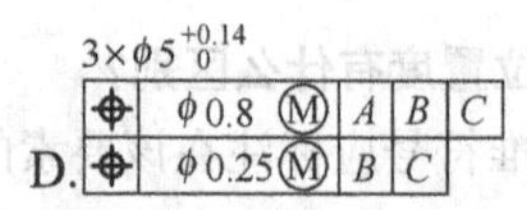


8.（多选题）如图 2-3-10a 所示，组合位置度的叙述正确的是（　　）。

A. 第一行 $\phi 0.8$ 公差控制相对基准 $A$、$B$、$C$ 的方向和位置

B. 第二行 $\phi 0.2$ 公差控制相对基准 $A$、$B$ 的方向和位置

C. 第二行 $\phi 0.2$ 公差只控制相对基准 $A$、$B$ 的位置

D. 第二行 $\phi 0.2$ 公差只控制相对基准 $A$、$B$ 的方向

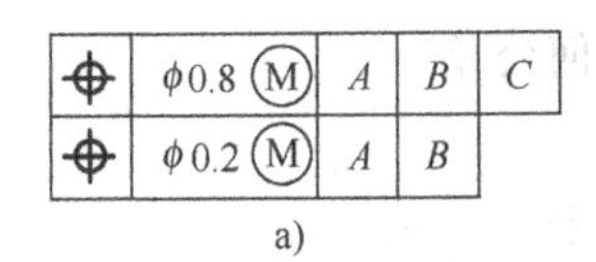

a)

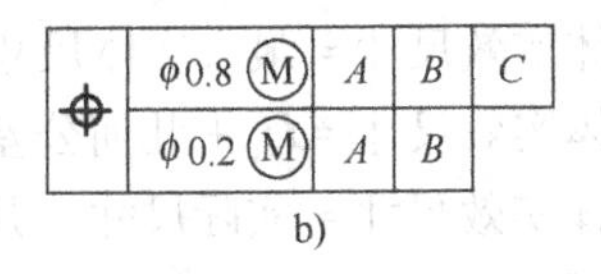

b)

图 2-3-10　标注示例（二）

9.（多选题）如图 2-3-10b 所示，复合位置度的叙述正确的是（　　）。

A. 第一行 ϕ0.8 公差控制相对基准 *A*、*B*、*C* 的方向和位置

B. 第二行 ϕ0.2 公差控制相对基准 *A*、*B* 的方向和位置

C. 第二行 ϕ0.2 公差只控制相对基准 *A*、*B* 的位置

D. 第二行 ϕ0.2 公差只控制相对基准 *A*、*B* 的方向

10.（多选题）关于图 2-3-11 中复合位置度的叙述正确的是（　　）

A. 第一行 ϕ0.2 公差控制相对基准 *A*、*B* 的方向和位置

B. 第二行 ϕ0.1 公差控制相对基准 *A*、*B* 的方向

C. 第二行 ϕ0.1 公差只控制两个孔的相对位置

D. 第二行 ϕ0.1 公差只控制两个孔的形状

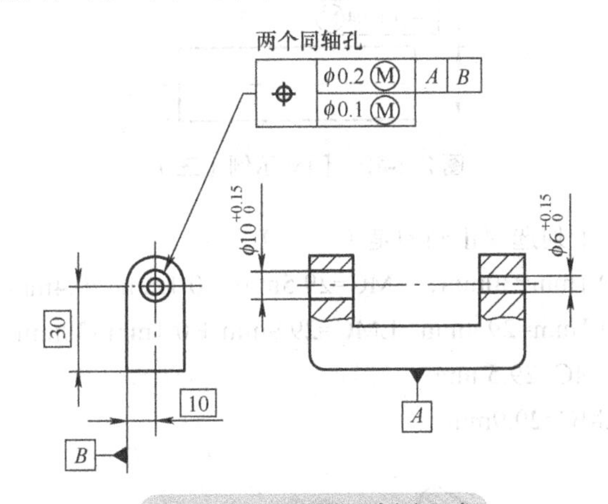


图 2-3-11　图样示例（二）

11. 在 PC-DMIS 软件中评价主教材图 2-52 中的尺寸序号⑮，应使用______评价，将______定义为基准 *A*，将________定义为基准 *B*，将________定义为基准 *C*，被测要素是________。

**引导问题4：图样中标注的符号 Ⓜ 表示采用什么公差原则？**

1. 公差原则是（　　）。

A. 确定公差值大小的原则　　B. 制订公差与配合标准的原则

C. 形状公差与位置公差的关系　　D. 尺寸公差与几何公差的关系

2. 尺寸要素的最大实体实效状态与几何公差共同作用的一个固定边界称为（　　）。

A. 名义尺寸　　B. 合成边界　　C. 最大实体实效边界　　D. 实际包容面

3. 形状误差的评定准则应当符合（　　）。

A. 公差原则　　B. 包容要求　　C. 最小条件　　D. 相关原则

4.（多选题）有关实效尺寸的计算公式正确的有（　　）。

A. 孔的最大实体实效尺寸 = $D_{max}$− 几何公差

B. 孔的最大实体实效尺寸 = 最大实体尺寸 − 几何公差

C. 轴的最大实体实效尺寸 =$d_{max}$+ 几何公差

D. 轴的最大实体实效尺寸 = 实际尺寸 + 几何公差

5. 尺寸要素的最大实体和最小实体状态与几何尺寸公差共同作用的一个固定边界称为（　　）。

A. 名义尺寸　　B. 合成边界　　C. 实效边界　　D. 实际包容面

6. 最大实体尺寸是指（　　）。

A. 孔和轴的上极限尺寸

B. 孔和轴的下极限尺寸

C. 孔的上极限尺寸和轴的下极限尺寸

D. 孔的下极限尺寸和轴的上极限尺寸

7. 如图 2-3-12 所示，该销的最大实体实效尺寸是（　　）mm。

A. 15.85　　B. 15.96　　C. 16.00　　D. 16.04

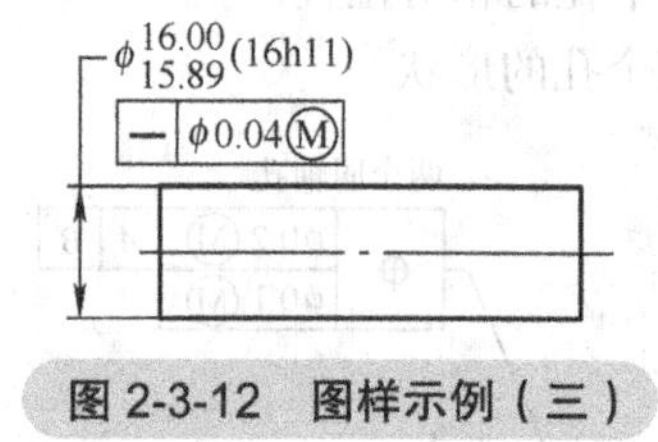


图 2-3-12　图样示例（三）

8. 如图 2-3-13 所示，下列选项正确的是（　　）。

A. MMC=29.9mm + 0.1mm=30mm，LMC=29.5mm − 0.1mm=29.4mm

B. MMC=29.5mm − 0.1mm=29.4mm，LMC=29.9mm + 0.1mm=30mm

C. MMC=29.9mm，LMC=29.5 mm

D. MMC=29.5mm，LMC=29.9mm

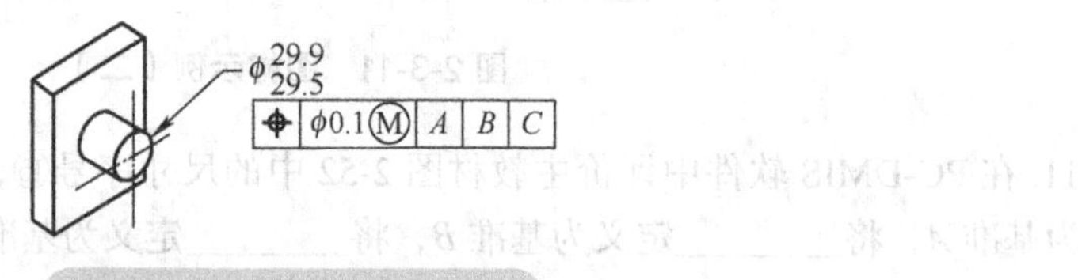


图 2-3-13　图样示例（四）

9.（多选题）有关公差要求的应用论述正确的是（　　）。

A. 最大实体要求常用于保证装配的场合

B. 包容要求常用于保证配合性质要求的场合

C. 最小实体要求常用于保证壁厚的场合

D.ISO 标准默认使用包容原则

10.（判断题）独立原则是指零件无几何误差。（　　）

11.（判断题）包容要求是要求实际要素处处不超越最小实体边界的一种公差原则。（　　）

12.（判断题）孔的最大实体实效尺寸为最小实体尺寸减去几何公差。（　　）

13.（判断题）最大实体状态是假定提取组成要素的局部尺寸处处位于极限尺寸之内且具有实

体最小（材料最少）时的状态。（ ）

14. 销轴尺寸标注如图 2-3-14 所示，试按要求填空和填表：

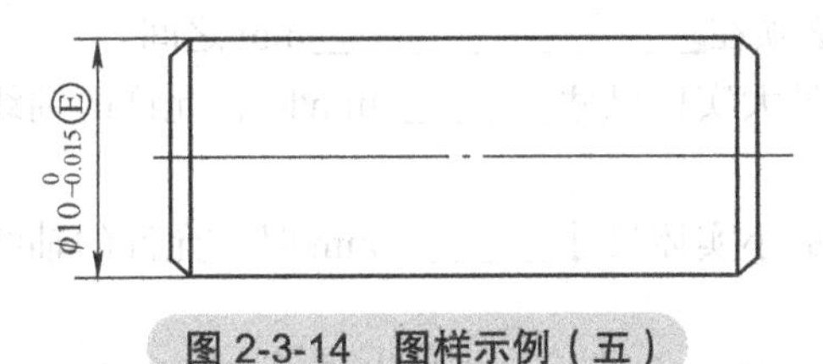


图 2-3-14 图样示例（五）

1）销轴的局部实际尺寸必须在________mm 至________mm 之间。

2）当销轴的直径为最大实体尺寸________mm 时，允许的轴线直线度误差为________mm。

3）填写下表：

| 单一要素实际尺寸 | 销轴轴线的直线度误差 |
|---|---|
| $\phi$10 | |
| $\phi$9.995 | |
| $\phi$9.99 | |
| $\phi$9.985 | |

15. 现有一销轴如图 2-3-15 所示，试按题意要求填空。

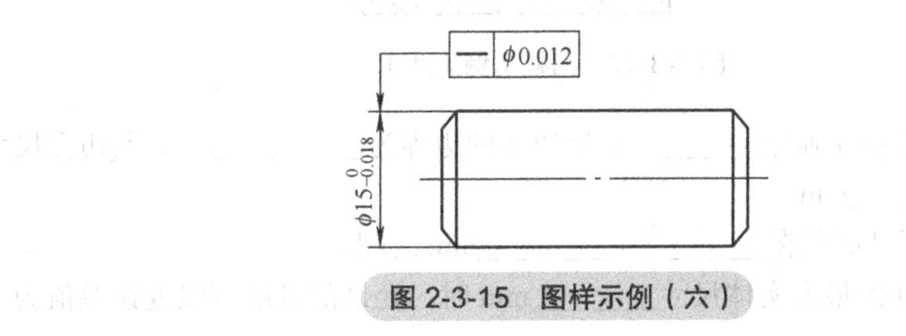


图 2-3-15 图样示例（六）

1）该轴所采用的公差原则是________，尺寸公差与几何公差的关系是________。

2）轴的最大实体尺寸为________mm，轴的最小实体尺寸为________mm。

3）当轴的实际尺寸为 $\phi$15mm 时，轴线的直线度误差允许值为________mm。

4）当轴的实际尺寸为 $\phi$14.982mm 时，轴线的直线度误差允许值为________mm。

5）轴所允许的最大体外作用尺寸为________mm。

6）当轴的实际尺寸为 $\phi$14.990mm，轴线的直线度误差值为 $\phi$0.018mm 时，轴的体外作用尺寸为________mm，该轴的合格性为________。

16. 现有一轴套如图 2-3-16 所示，试按题意要求填空。

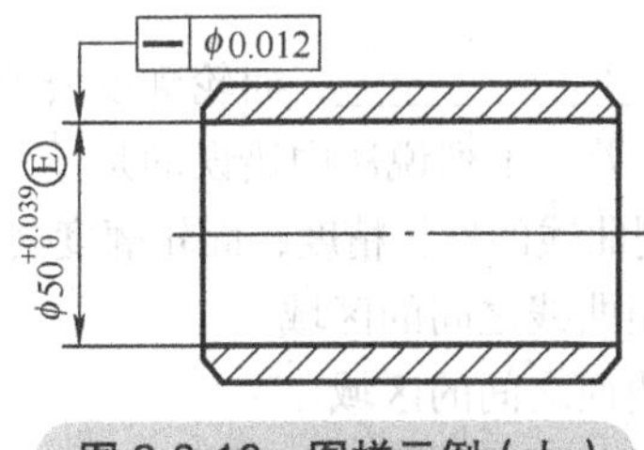


图 2-3-16 图样示例（七）

1）该孔所采用的公差原则是________，尺寸公差与几何公差的关系是________。

2）该孔应遵守的边界为________边界，其边界尺寸为________尺寸，数值为________mm。

3）孔的局部实际尺寸必须在________ ~ ________mm 之间。

4）当孔的实际尺寸为最大实体尺寸________mm 时，允许的轴线直线度误差值为________mm。

5）当孔的实际尺寸为最小实体尺寸________mm 时，允许的轴线直线度误差值为________mm。

6）当孔的实际尺寸为 $\phi$50.024mm，轴线的直线度误差值为 $\phi$0.015mm 时，孔的体外作用尺寸为________mm，该孔的合格性为________，其理由是孔的体外作用尺寸________最大实体尺寸，孔的实际尺寸________最小实体尺寸。

17. 现有一轴套如图 2-3-17 所示，试按题意要求填空。

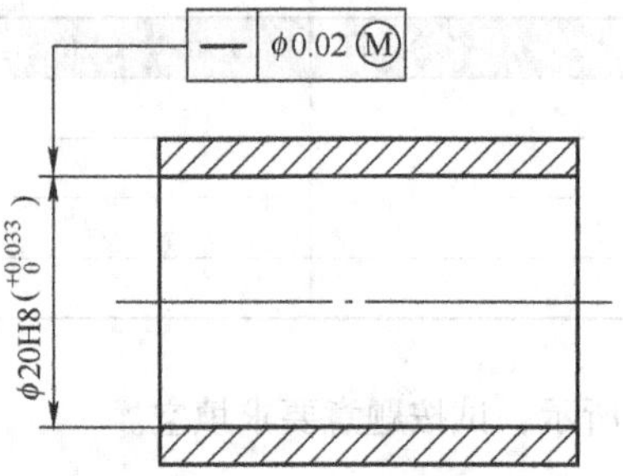

— $\phi$0.02 Ⓜ

$\phi$20H8( $^{+0.033}_{0}$ )

图 2-3-17　图样示例（八）

1）该孔所采用的公差原则是________；所遵守的边界为________边界，其边界尺寸为________尺寸，数值为________mm。

2）孔的局部实际尺寸必须在________ ~ ________mm 之间。

3）当孔的实际尺寸为最大实体尺寸________mm 时，允许的轴线直线度误差值为________mm。

4）孔的轴线的最大直线度误差的允许值为________mm 时，孔的实际尺寸应为________mm。

5）当孔的实际尺寸为 $\phi$20.020mm，轴线的直线度误差值为 $\phi$0.045mm 时，孔的体外作用尺寸为________mm，该孔的合格性为________，其理由是孔的体外作用尺寸________最大实体实效尺寸。

**引导问题5：ISO 1101和ASME Y14.5两种标准在评价轮廓度公差时结果上有何差异？**

1. 线轮廓度、面轮廓度为形状公差时，没有________，仅限制被测表面的________；当其为位置公差或方向公差时，要标出________，不仅限制被测表面的________，还限制被测表面相对基准的________和________。

2. 线轮廓度公差带形状是________________，面轮廓度公差带形状是________________。

3. 关于线轮廓度、面轮廓度公差，下列说法中错误的是（　　）。

A. 线轮廓度公差只能用来控制曲线的形状精度，面轮廓度公差只能用来控制曲面的形状精度

B. 线轮廓度公差带是两条等距曲线之间的区域

C. 面轮廓度公差带是两等距曲面之间的区域

D. 线轮廓度、面轮廓度公差带的理论正确几何形状由理论正确尺寸确定

4. 公差带是包络一系列直径为公差值 $t$ 的球的两包络面之间区域的是（　　）。

A. 线轮廓度　　B. 圆度　　C. 面轮廓度　　D. 圆柱度

5. 已知有一线轮廓度公差值为 0.2mm，通过测量得到该轮廓的最大值为 +0.15mm，最小值为 −0.1mm。按照 ISO 1101 标准对结果进行评价，该轮廓的测量值应是（　　）。

A. 0.15mm　　B. 0.25mm　　C. 0.3mm　　D. 0.1mm

6. 已知有一线轮廓度公差值为 0.2mm，通过测量得到该轮廓的最大值为 +0.15mm，最小值为 −0.1mm。按照 ASME Y14.5 标准对结果进行评价，该轮廓的测量值应是（　　）。

A. 0.15mm　　B. 0.25mm　　C. 0.3mm　　D. 0.1mm

7. 已知有一线轮廓度公差值为 0.2mm，通过测量得到该轮廓的最大值为 +0.15mm，最小值为 0.1mm。按照 ASME Y14.5 标准对结果进行评价，该轮廓的测量值应是（　　）。

A. 0.15mm　　B. 0.25mm　　C. 0.3mm　　D. 0.1mm

8. 如图 2-3-18 所示，通过测量得到该轮廓的最大值为 +0.015mm，最小值为 −0.005mm。按照 ISO 1101 标准对结果进行评价，该轮廓的超差值为（　　）。

A. 0mm　　B. 0.005mm　　C. 0.01mm　　D. 0.02mm

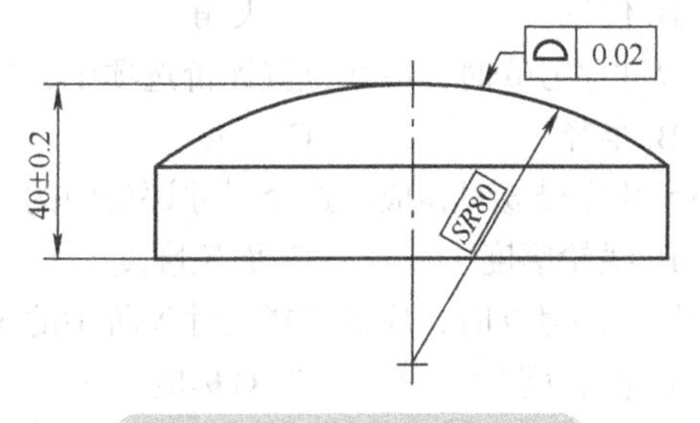


图 2-3-18　图样示例（九）

9. 如图 2-3-19 所示，通过测量得到该轮廓的最大值为 +0.03mm，最小值为 −0.01mm，测量值为 0.06mm。按照 ASME Y14.5 标准对结果进行评价，该轮廓的超差值为（　　）。

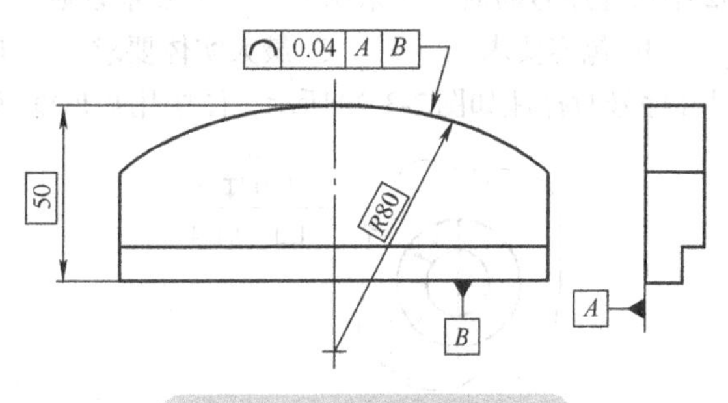


图 2-3-19　图样示例（十）

A. 0.01mm　　B. 0.02mm　　C. 0.03mm　　D. 0.04mm

10.（多选题）下列选项中，复合轮廓度标注错误的是（　　）。

A.

| ⌓ | 0.8 | A | B | C |
|---|---|---|---|---|
| | 0.2 | B | | |

B.

| ⌓ | 0.8 | A | B | C |
|---|---|---|---|---|
| | 0.2 | | | |

C.

| ⌓ | 0.8 | A | B | C |
| --- | --- | --- | --- | --- |
|  | 0.2 | A | C |  |

D.

| ⌓ | 0.8 | A | B | C |
| --- | --- | --- | --- | --- |
|  | 0.2 | A | B | C |

**引导问题6：如何对该项目零件测量列表中的尺寸进行评价及报告输出？**

1. 评价主教材图 2-52 中尺寸序号①时，当前工作平面为 *Y* 负，在距离评价选项中，应勾选（　　）关系、（　　）方向和（　　）圆选项进行评价。

A. 按 Z 轴，平行于，无半径　　B. 按 Y 轴，平行于，加半径

C. 按 Z 轴，平行于，加半径　　D. 按 Y 轴，垂直于，减半径

2. 评价主教材图 2-52 中尺寸序号⑦时，当前工作平面为 *X* 负，在距离评价选项中，应勾选（　　）关系、（　　）方向进行评价。

A. 按 X 轴，平行于　　B. 按 Y 轴，垂直于

C. 按 Z 轴，平行于　　D. 按特征，垂直于

3. 评价主教材图 2-52 中尺寸序号⑥时，应该选择尺寸评价中的（　　）评价方法。

A. 距离　　B. 位置　　C. 夹角　　D. 倾斜度

4. 评价主教材图 2-52 中尺寸序号⑧时，应在位置评价选项中，勾选（　　）选项进行评价。

A. 直径　　B. 半径　　C. 长度　　D. 锥角

5. 评价主教材图 2-52 中尺寸序号⑤时，应该选择尺寸评价中的（　　）评价方法。

A. 圆度　　B. 线轮廓度　　C. 面轮廓度　　D. 圆跳动

6. 评价主教材图 2-52 中尺寸序号⑨时，应该选择尺寸评价中的（　　）评价方法。

A. 平行度　　B. 倾斜度　　C. 对称度　　D. 位置度

7. 评价主教材图 2-52 中尺寸序号⑪时，平面的加工质量主要从（　　）两个方面来衡量。

A. 平行度和平面度　　B. 平行度和垂直度

C. 平面度和表面粗糙度　　D. 表面粗糙度和垂直度

8. 评价主教材图 2-52 中尺寸序号⑮时，应采用（　　）公差原则。

A. 独立原则　　B. 包容要求　　C. 最大实体要求　　D. 最小实体要求

9. 主教材图 2-52 中尺寸序号⑲标注如图 2-3-20 所示，图中用矩形框框住的符号表示（　　）。

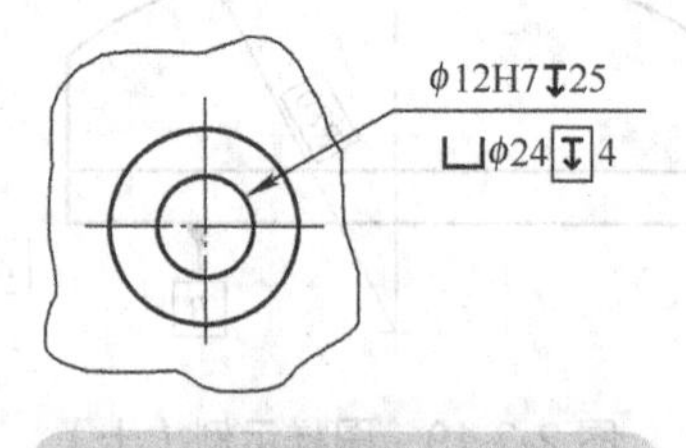


图 2-3-20　标注示例（三）

A. 沉头孔　　B. 深度　　C. 螺栓孔　　D. 参考直径

10. 主教材图 2-52 尺寸序号⑱标注中，公差框格下方标注的“$X \leftrightarrow Y$”表示（　　）符号。

A. 区间　　B. 全周　　C. 任意横截面　　D. 仅方向

11.（判断题）评价主教材图 2-52 中尺寸序号⑮时，被测要素 2 × ϕ 10H7 应分别评价位置度。（　　）

12.（判断题）主教材图 2-52 中尺寸序号⑱，该面轮廓度属于形状公差。（　　）

**学习活动过程评价表**

<table>
<tr><th>班级</th><th></th><th>姓名</th><th></th><th>学号</th><th></th><th>日期</th><th>年　月　日</th></tr>
<tr><th>序号</th><th colspan="4">评价要点</th><th>配分</th><th>得分</th><th>总评</th></tr>
<tr><td>1</td><td colspan="4">能说出单位长度的直线度和单位面积的平面度的标注含义</td><td>10</td><td></td><td rowspan="7">A □（86~100）<br>B □（76~85）<br>C □（60~75）<br>D □（60 以下）</td></tr>
<tr><td>2</td><td colspan="4">能说出评价对称度公差时如何使用构造特征组命令测量特征</td><td>10</td><td></td></tr>
<tr><td>3</td><td colspan="4">能说出复合位置度与组合位置度的区别</td><td>10</td><td></td></tr>
<tr><td>4</td><td colspan="4">能正确识读零件图中要素所采用的公差原则</td><td>20</td><td></td></tr>
<tr><td>5</td><td colspan="4">能说出评价轮廓度公差所采用不同评价标准时结果上的差异</td><td>20</td><td></td></tr>
<tr><td>6</td><td colspan="4">能完成测量列表中所有尺寸的评价，并输出 Excel 格式的测量报告</td><td>30</td><td></td></tr>
<tr><td>小结<br>建议</td><td colspan="4"></td><td></td><td></td></tr>
</table>